化妆品感官评价系列

化妆品感官评价
基础篇

杜志云　车　飙　陈亚非　主编

唐　健　林　丽　副主编

化学工业出版社

·北京·

感官评价技术在化妆品行业的应用日益广泛，也受到了越来越多的关注。本书较全面地介绍了皮肤基础知识、化妆品基础知识及感官评价的理论基础和方法。本书共分为七章，包括：皮肤与化妆品、感官评价的发展与应用、感官评价方法、感官评价实验室、感官评价员选拔与培训、感官评价样品测试、数据分析与解读。

《化妆品感官评价：基础篇》可作为一本实用操作手册供正考虑或已开始建立感官评价体系的感官评价专业人员、研发人员、质量管理人员、生产管理人员参考。

图书在版编目（CIP）数据

化妆品感官评价．基础篇/杜志云，车飙，陈亚非
主编 ．—北京：化学工业出版社，2019.6（2024.2重印）
（化妆品感官评价系列）
ISBN 978-7-122-34076-4

Ⅰ．①化⋯　Ⅱ．①杜⋯②车⋯③陈⋯　Ⅲ．①化妆
品-评价-高等学校-教材　Ⅳ．①TQ658

中国版本图书馆 CIP 数据核字（2019）第 049583 号

责任编辑：任睿婷　杜进祥
责任校对：边　涛　　　　　　　　　装帧设计：关　飞

出版发行：化学工业出版社（北京市东城区青年湖南街 13 号　邮政编码 100011）
印　　装：北京科印技术咨询服务有限公司数码印刷分部
710mm×1000mm　1/16　印张 7¼　彩插 1　字数 125 千字　2024 年 2 月北京第 1 版第 5 次印刷

购书咨询：010-64518888　　　　　　　售后服务：010-64518899
网　　址：http://www.cip.com.cn
凡购买本书，如有缺损质量问题，本社销售中心负责调换。

定　　价：38.00 元

本书编写人员

主　　编　杜志云　车　飙　陈亚非

副 主 编　唐　健　林　丽

其他人员　包　飞　殷　樱　黄博鑫　谢玲娜

　　　　　陈卓仪　徐妃群　邓　慧

前言

　　随着全球化妆品行业的蓬勃发展，化妆品感官评价受到越来越多的关注。近10年来，欧美陆续出版了有关感官评价的书籍和专刊，成立了感官评价行业协会，越来越多的高校开设了感官评价相关课程。相比之下，国内对于化妆品感官评价的研究稍显落后，行业从业人员对于感官评价的建立和应用缺乏必要的知识学习、专业培训和实践技能。虽然国内已出版相关书籍介绍感官评价的基本原理和实验方法，但主要针对食品的感官评价，并未详细介绍企业内部如何组织建立感官评价体系，而专门针对化妆品感官评价方面的专业书籍暂未见出版。

　　本书旨在通过大量应用实例，指导化妆品企业的专业技术人员建立和应用感官评价体系。所以，本书定位为一本实用操作手册，主要针对正在考虑或已经建立感官评价体系企业的生产管理人员、感官评价专业人员、研发人员、质量管理人员。销售人员、市场营销人员也能通过阅读本书，从中得到一定启发。对于那些刚刚入门接触感官评价的技术人员，通过第1章和第2章可以了解皮肤结构以及感官评价的基础知识，并通过后续章节进一步了解感官评价的具体实施方法；而对于那些掌握了感官评价基础知识的人员，在开展化妆品感官评价的工作时，可以直接阅读第5～7章，从里面列举的实例中快速学习。

　　本书共分为7章，第1章主要介绍皮肤与化妆品基础知识。第2章主要介绍感官评价的定义、发展及应用。第3～6章主要介绍感官评价的方法、实验室、评价员选拔与培训以及样品测试过程，详尽地描述了感官评价的整个过程，提供了具体的实验方法和应用实例。第7章着重介绍感官评价测试数据的分析和解读方法，并提供了数据分析应用实例。

　　本书能够与大家见面，真的非常欣慰。在编写本书时，编者深入调研国内外化妆品行业感官评价的发展现状和未来趋势，广泛收集行业内的应用实例，精心挑选有代表性的案例，并用专业的方法进行分析解读，呈现给读者，希望帮助更多业内人士了解或开展感官评价相关工作、提升产品开发效益、提高产品质量品质。所有参加编写的人员，都心怀同样的梦想——为中国化妆品行业的发展贡献自己的绵薄之力，大家都在做志愿者，相同的愿景让大家聚在一起来完成这个任务。虽然中国化妆品的销售已达千亿规模，但化妆品感官评价尚处于起步阶段，希望未来能有更多志同道合的伙伴参与进来，携手完成后续的《化妆品感官评价：彩妆篇》《化妆品感官评价：洗护发篇》等系列丛书的编撰和出版，共同推动中国化妆品行业的发展，共筑化妆品感官评价的美好未来！

本书由杜志云、车飙、陈亚非担任主编，唐健、林丽担任副主编，车飙编写了本书前言；杜志云、唐健、陈卓仪编写了第1章皮肤与化妆品；陈亚非、林丽编写了第2章感官评价的发展与应用；包飞、殷樱编写了第3章感官评价方法和第6章感官评价样品测试；徐妃群、邓慧编写了第4章感官评价实验室；谢玲娜编写了第5章感官评价员选拔与培训；黄博鑫编写了第7章数据分析与解读，并对第4章和第5章的编写提供了帮助。

最后，感谢佛山市康伲爱伦生物技术有限公司林丽对本书编写和出版工作的统筹安排，感谢上海市灏图咨询顾问有限公司尹宇峰在行业实践方面提出的建议。感谢无限极（中国）有限公司、广东工业大学化妆品感官测试中心、广州圣凯斯化工科技有限公司、广东省化妆品学会化妆品感学专业委员会的大力协助。感谢所有参与本书编撰和出版的人员和企业，让我们有机会一起做这件有意义的事。

本书编者都尽可能多地将自己多年的经验和实操心得呈现给读者，但仍有不足的地方，希望读者批评和指正。

编者

2018 年 11 月

第6章　感官评价样品测试　/ 71

第 1 章

皮肤与化妆品

1.1 皮肤基本结构及生理功能

众所周知，皮肤由外而内主要包括表皮、真皮、皮下组织和皮肤附属器，且它有极强的屏障作用，能阻止有害物质入侵和防止养分及水分流失，还有保护、缓冲、吸收、排泄、感觉、调节体温以及参与物质代谢等作用，而皮肤基本结构与其生理功能息息相关。皮肤组织结构图如图1.1所示。

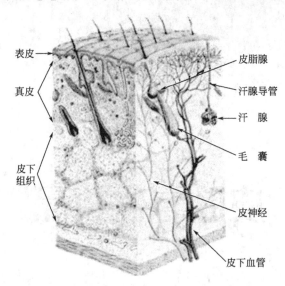

图 1.1 皮肤组织结构图

1.1.1 表皮

表皮是皮肤的最外层组织，主要由角朊细胞组成，根据角朊细胞的形态，又可分成角质层、棘层、透明层、颗粒层和基底层等层次。

① 角质层 皮肤最外层，由数层角化细胞组成。角质层含水量一般在10%～15%，含水较多能使皮肤光泽富有弹性，若低于此值，则皮肤显得干燥、粗糙。且角质层具有防止外界有害物质侵袭和吸收紫外线达到保护及防晒作用。我们应适当地进行去角质，保持皮肤光滑细腻，但不能过度破坏角质层，以维持皮肤的正常结构功能。

② 棘层 棘层是表皮的营养供应站，具有分裂修复表皮的功能，还具有一定的吸收紫外线作用。基底细胞不断增殖形成棘层，一般约4～8层。棘细胞表面有许多细小的突起，并与相邻细胞的突起相连，形成细胞间桥，细

胞间桥上可见着色较深的梭形小颗粒——桥粒。细胞间桥粒很突出，像棘突一样，故称棘层。正常皮肤的棘突在高倍镜下看不清楚，水肿时则清晰可见。

③ 透明层　透明层又称屏障带，可增强耐磨性和防止水分流失。透明层位于颗粒层浅层，由2～3层扁平细胞组成。透明层是由颗粒层细胞转化而来，细胞排列紧密，其界限不清。细胞核退化逐渐消失，细胞质中透明角质颗粒已液化，折光性强，显嗜酸性，H-E染色呈浅粉红的均质状。透明层在薄的表皮中会稍薄一些，在手掌、足底皮肤最明显。用电镜观察发现细胞内张力细丝更多，而且排列紧密、规则。

④ 颗粒层　颗粒层是防御带，具有折射UVA，使肌肤免受伤害的作用。颗粒层位于棘细胞层的浅层，由2～3层细胞组成。其厚度随角化层的厚度而变化。颗粒层由晶样角质和颗粒细胞组成，具有折射、反射、过滤、吸收紫外线的作用。

此外，透明层、颗粒层和其中的酸性磷酸酶、疏水性磷脂及溶酶体等构成一个防水系统。

⑤ 基底层　基底层为表皮最底层，又称生发层，由一层排列呈栅状的圆柱细胞组成，与皮肤自我修复、创伤修复及瘢痕形成有关。此层细胞不断分裂（经常有3%～5%的细胞进行分裂），逐渐向上推移、角化、变形，形成表皮其他各层，最后角化脱落。基底细胞分裂至脱落的时间，一般认为是28日，称为更替时间，其中自基底细胞分裂到形成颗粒层最上层的时间为14日，形成角质层到最后脱落的时间为14日。基底细胞间夹杂一种来源于神经嵴的黑色素细胞（又称树枝状细胞），占整个基底细胞的4%～10%，它能产生黑色素（色素颗粒），决定着皮肤颜色的深浅。

⑥ 皮脂膜　皮脂膜又称水脂膜，主要由皮脂腺分泌的皮脂、角质层细胞崩解产生的脂质与汗腺分泌的汗液乳化形成，呈弱酸性。从护肤角度看，皮脂膜是位于皮肤最外，且起保护作用的一层酸性膜。

⑦ 黑色素细胞　黑色素细胞位于基底细胞层，其产生的黑色素是决定皮肤颜色的主要因素。皮肤颜色不同，黑色素小体的大小、种类、数量和分布不同。黄种人皮肤内的黑色素主要分布在表皮基底层，棘层内较少；黑种人皮肤内的基底层、棘层及颗粒层都有大量黑色素存在；白种人皮肤内黑色素分布情况与黄种人相同，只是黑色素的数量比黄种人少；另外，黑色素可吸收或反射紫外线UVA，保护深部组织免受辐射损伤。此外，黑色素还能保护叶酸和类似的重要物质免受光线的分解。黑色素的产生和代谢受多种因素影响，如紫外线、内分泌、细胞因子、精神因素、睡眠及使用含铅汞等重金属的化妆品等。黑色素细胞功能异常可导致色素增加型皮肤病（如：黄褐斑、雀斑、瑞尔氏黑

变病）和黑色素减少型皮肤病（如：白癜风、白化病等）。这些疾病发生在身体的暴露部位时，直接影响皮肤的颜色、光泽、细腻程度等。

1.1.2 真皮

① 胶原纤维　又称胶原蛋白，富含甘氨酸和脯氨酸。皮肤真皮内含有75％的胶原蛋白，胶原蛋白的韧性和高度抗张力对皮肤健康起着至关重要的作用。富含胶原蛋白的健康皮肤是平滑紧致、白皙的，然而随着年龄的增长，胶原蛋白流失，皮肤变得松弛干燥、暗淡无光。

② 弹力纤维　和胶原纤维相同，弹力纤维也富含甘氨酸和脯氨酸。弹力纤维由交叉相连的弹性蛋白质构成，可通过构型变化来使皮肤富有弹性、光泽。造成弹力纤维流失的原因多种多样，例如日晒、年龄增加、内分泌失调、不良饮食等。

③ 网状纤维　是新生的纤细的胶原纤维，表皮下排列呈现网状。网状纤维在关键时刻会大量增生，帮助皮肤创伤愈合或形成新的胶原蛋白，是皮肤中不可缺少的重要组成部分。

④ 基质　基质拥有强大的水合能力，基质中的氨基酸可结合自身质量1000倍的水分，这也是真皮层保持水润的重要原因。同时基质也是为细胞提供水分的重要物质，具有激活纤维细胞、表皮基底细胞的作用，以促进胶原蛋白的合成。

⑤ 细胞　主要有成纤维细胞、肥大细胞、巨噬细胞、淋巴细胞、朗格汉斯细胞和噬色素细胞等，还有少量淋巴细胞和白细胞。其中成纤维细胞是真皮结缔组织中最重要的细胞，它的主要功能包括合成各种胶原、弹性蛋白及细胞外基质成分，同时还产生分解这些成分的酶类，来维持代谢平衡，在创伤愈合过程和皮肤的老化中十分重要。成纤维细胞过度增生可产生病理性纤维增生，形成瘢痕疙瘩。在皮肤的老化过程中，皱纹部位胶原萎缩与紫外线介导的成纤维细胞损伤有明显的关系，它可使成纤维细胞合成胶原的能力下降。

1.1.3 皮下组织及皮肤微循环

① 皮下组织　由疏松结缔组织及脂肪小叶组成，是真皮下的脂肪层。其厚度约为真皮层的5倍，若皮下组织过厚，会造成弹性纤维折断，身体肥胖，过薄则容易造成皮肤松弛，人体抵抗力下降等。因此，保持适度的皮下组织厚度与皮肤美感以及健康息息相关。

② 皮肤微循环　皮肤微循环主要是指皮下血管输送血红蛋白，其对皮肤颜色、老化、代谢都起着至关重要的作用。皮肤微循环不好，可能导致皮肤涨红或者过快衰老等问题。

③ 皮神经　是指分布在皮肤中的感觉神经和运动神经。感觉神经来自脑脊神经，为传入神经。运动神经来自交感神经的节后纤维，为传出神经。皮肤的神经支配呈节段性，但相邻节段间有部分重叠。感觉神经纤维使皮肤具有触觉、温觉、冷觉、痛觉和压觉。运动神经纤维主要分布于皮肤附属器周围，支配肌肉活动。

1.1.4　皮肤附属器

① 皮脂腺　皮脂腺分布广泛，几乎遍及全身，是皮肤的一个重要腺体。其分泌出的皮脂可润滑皮肤、毛发，防止皮肤水分流失，也可抑制皮肤真菌、细菌的滋生等。在青春期分泌的皮脂相对旺盛，随着年纪的增长，皮脂腺分泌能力逐渐下降，导致皮肤较干燥。

② 汗腺　汗腺可分为顶浆汗腺和排泄汗腺。汗腺通过分泌汗液达到调节身体温度恒定的效果，也具有软化角质、调节皮肤 pH 值的作用。

③ 毛发　分长毛、短毛、毫毛三种。毛发在皮肤表面以上的部分称为毛干，在毛囊内的部分称为毛根，毛根下段膨大的部分称为毛球，突入毛球底部的部分称为毛乳头。毛乳头含丰富的血管和神经，以维持毛发的营养和生长，如发生萎缩，则毛发脱落。毛发呈周期性地生长与休止，但全部毛发并不处在同一周期，故人体的头发是随时脱落和生长的。不同类型毛发的周期长短不一，头发的生长期约为 5～7 年，接着进入退行期，约为 2～4 周，再进入休止期，约为数个月，最后毛发脱落。此后再过渡到新的生长期，长出新发。

④ 指（趾）甲　指甲是由皮肤衍生而来。指（趾）甲分为甲板、甲床、甲襞、甲沟、甲根、甲上皮、甲下皮等部分。甲床血供丰富，有调节末梢血供、体温的作用。甲板相当于皮肤角质层，甲襞是皮肤弯入甲沟部分。甲床由相当于表皮的辅层、基底层及真皮网状层构成。其下与指骨骨膜直接融合。后甲襞覆盖甲根移行于甲上皮。甲床、甲襞不参与指甲生长，指甲生长是甲根部的甲基质细胞增生、角化并越过甲床向前移行而成。但甲床控制着指甲按一定形状生长。甲床受损则指甲畸形生长。指甲有着其特定的功能，首先它有"盾牌"作用，能保护末节指腹免受损伤，维护其稳定性，增强手指触觉的敏感性，协助手抓、挟、捏、挤等。

总而言之，皮肤的美感及健康状态都离不开皮肤各部分结构的相互配合、密切协作，每个结构都缺一不可。且皮肤是覆盖于人体表面的天然外衣，健康的皮肤不仅能完成复杂的生理功能，还能直接体现人体美感，使人容光焕发、富有活力。同时皮肤与内分泌变化、营养及健康状况等都有着密切联系，是反映机体健康的"镜子"。

1.2 化妆品的基础知识

1.2.1 化妆品的定义

近年来，接触化妆品的人越来越多，化妆品的接触面越来越广，但是究竟什么是化妆品，化妆品包括哪些品类，许多消费者是不清楚的。

根据国家质量监督检验检疫总局公布的《化妆品标识管理规定》，化妆品是指以涂抹、喷洒或者其他类似方法，施于人体（皮肤、毛发、指甲、口唇齿等），以达到清洁、保养、美容、修饰和改变外观，或者修正人体气味，保持良好状态为目的的产品。

据此化妆品的主要作用可用表 1.1 进行分类表述。

表 1.1 化妆品类别及作用

类别	作用描述
清洁类	用于去除面部、皮肤和毛发的污垢
护肤类	保护面部，使皮肤柔润、光滑或能够御寒和防晒
营养类	为面部、皮肤提供营养，以保持皮肤角质层的含水量，延缓皮肤衰老
美容类	美化面部、皮肤及毛发或散发香气
其他	介于药品和化妆品之间的产品，具有特殊功效，在我国称为特殊用途化妆品

化妆品不仅能改善肌肤问题，还能通过良好的质地、肤感、香味等复杂的生理体验，满足人们对愉快、安心、美好的情感需求。

感官评价弥补了一般理化分析手段所不能解决的这些复杂生理感受问题。化妆品行业非常注重产品肤感、过程体验和消费者心理感受。

1.2.2 化妆品的分类

化妆品的品种繁多，我国尚未明确分类方法。其他国家分类方法也不尽相同。具体包括按使用目的、使用部位、剂型、消费者年龄和性别分类。

（1）按使用目的分类

按使用目的主要分为清洁类化妆品、护理类化妆品、基础类化妆品、美容化妆品与疗效化妆品。清洁类化妆品主要有洗面奶、沐浴剂、清洁霜、洁面水等；护理类化妆品（包括营养类）主要有润肤露、按摩霜、雪花膏等；基础类化妆品主要有面霜、化妆水、面膜、发胶、发乳等；美容化妆品主要有口脂、眼影、眉笔、指甲油、头发烫染用品、发型处理用品等；疗效化妆品主要有清凉剂、除臭剂、除毛剂等。

（2）按使用部位分类

肤用化妆品：主要指面部及皮肤用化妆品，如各种面霜、乳液、沐浴剂等。

发用化妆品：主要指头发专用化妆品，如洗发水、摩丝、喷雾发胶等。

美容化妆品：主要指面部美容产品，也包括指甲、头发的美容产品，如口脂、眼影、指甲油等。

特殊功能化妆品：主要指添加有特殊作用药物的化妆品，如除臭剂、除毛剂等。

（3）按剂型分类

水剂：以水为主体，具备水的主体流动性，包括"水""液""露"等剂型，如化妆水、精华液、纯露。

气溶胶剂：气溶胶是固体或液体小质点分散并悬浮在气体介质中形成的胶体分散体系，如防晒喷雾、定妆喷雾等。

凝胶剂：溶胶或溶液中的胶体粒子或高分子在一定条件下互相连接，形成空间网状结构，结构空隙中充满了作为分散介质的液体，这样一种特殊的分散体系称作凝胶，如膏体面膜、精华、乳液等。

乳剂：经过乳化的溶液，通常是水和油的混合液，如卸妆乳、洁面乳、底妆产品等。

膏剂：呈现半固体形态，具备缓释性与润泽性，如雪花膏、洁面膏等。

1.2.3 化妆品的使用

皮肤的清洁与护理是保证皮肤健康的主要方式，不同产品的使用方法也不相同，以下介绍几种常见产品的使用方法。

① 卸妆油 使用时，保持双手和脸部干燥，将适量的卸妆油以鼻子为中心线，涂抹在两颊、额头以及下巴上。在需要卸妆的部位用指腹以画圆的动作溶解彩妆及污垢。大约 1min 后，用手蘸取少量的水，在卸妆油乳化变白后，用打圈的手法轻轻地按摩约 30s，再用大量清水将卸妆油打出泡沫，冲洗干净。

② 洁面乳 使用时，用温水在掌心打出泡沫，在泡沫带动下轻轻地在脸上滑动打圈，大约 30s 后，用大量清水将洁面乳冲洗干净。打圈时无需用力搓揉，避免拉扯对肌肤造成伤害。

③ 爽肤水 在手心中倒入一元硬币大小的爽肤水，双手合十后轻轻拍在脸上，先拍两颊，再拍额头和下巴等部位，用双手轻轻按压，促进肌肤的吸收。达到补水的目的。也可将爽肤水浸湿在化妆棉上，以鼻子为中轴线，横向

涂抹擦拭全脸，采用这种手法可以享受到爽肤水的滋润效果，擦拭动作还可以帮助老化死皮细胞脱落，令肌肤干爽清洁。

④ 面霜　用小勺舀出适量面霜置于掌心，双手合十将面霜均匀地分散在掌心中。先按压两颊颧骨处，再按压下巴和额头，轻轻地将面霜按压进肌肤。这样做一方面不会拉扯肌肤，另一方面不会由于过度摩擦造成面霜中活性成分的流失。

⑤ 眼霜　挤出米粒大小的眼霜于双手的中指指肚，再将双手的无名指轻轻按在鼻梁骨侧，食指按压在颧骨稍上方，以这样的姿势架起中指，让中指能均匀稳定地轻轻按压在眼部肌肤上。由外眼角到内眼角将眼霜按进眼周肌肤。这种手法有助于眼霜吸收，也能有效促进眼部血液循环，消除黑眼圈。

⑥ 颈霜　涂抹颈霜前，最好用温热毛巾暖敷 2min。涂抹时稍扬起头，用双手的拇指和食指轻轻地向上交替推按。在已经形成颈纹的地方稍做停留，用手轻按几秒。最后双手的食指和中指放于颌骨下按压 1min，促进淋巴循环。

正确的化妆品使用手法可使化妆品发挥出最大功效，但不同消费者的个人使用习惯仍有一定差异性。

1.3　皮肤感觉系统与感官评价

18 世纪法国哲学家孔狄亚克认为触觉才是感官世界的中心。皮肤的结构对皮肤的触觉起到了决定性作用。皮肤中有大量的水、蛋白质、弹性纤维和胶原纤维等，这些物质的含量、结构、性质等决定了皮肤的力学性能。皮肤是触觉最重要的参考器官，皮肤的力学性能和摩擦行为直接影响了皮肤的触觉。外部环境对皮肤的触觉感知影响也很大，比如干燥、寒冷的天气可以损伤皮肤，改变皮肤的表面特征和摩擦行为，继而影响皮肤的触觉感知。

无论视觉、听觉、嗅觉、味觉，还是触觉的产生都具有一般规律。Johannes Muller 在 1838 年提出了特殊神经能量定理，即特定神经传递外界刺激的信息编码，大脑再以某种方式解读被编码的信息。例如，光会刺激眼睛中的视觉感受器，声音会刺激耳中的听觉感受器，而机械刺激会引起皮肤中各种触觉感受器的反应。皮肤中存在着丰富的机械刺激感受器，这些感受器通过接触将物体的物理信息通过编码提供给大脑。触觉就是皮肤受外界刺激时，大脑产生的感受。

机械刺激有很多种，包括压、挤、振动、摩擦等等。摩擦触觉是由摩擦刺激引起的触觉，即皮肤在摩擦过程中产生的触觉。对摩擦触觉最敏感的地方是手指，

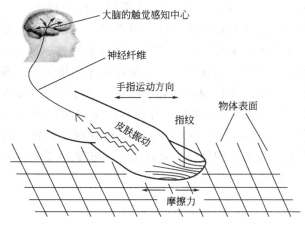

图 1.2　皮肤摩擦触觉感知过程示意图

因为手指触摸是探索物体表面纹理特征最主要的方式。如图 1.2 所示，手指皮肤与接触表面的动态摩擦过程给予皮肤层振动、压缩、拉伸等机械刺激，皮肤内部的机械刺激感受器将这些刺激转变为相应的冲动传入神经末梢，通过神经末梢-脊椎-脑干-大脑皮层传导，这一过程在极短的时间内将刺激从皮肤内的神经传导至大脑的中枢神经系统，加工形成感觉印象，进而产生感官响应，如：光滑、粗糙等表面纹理感觉。触觉感知主要涉及的器官为皮肤、神经和大脑。

　　在人的皮肤及皮下软组织中存在着 4 种具有不同形态和结构特征的机械刺激感受器及传入神经，嵌于不同深度的皮肤组织中（如图 1.3 所示），包括快速响应的感受器、慢速响应的感受器、Ⅰ型表示感受器和Ⅱ型表示感受器。帕

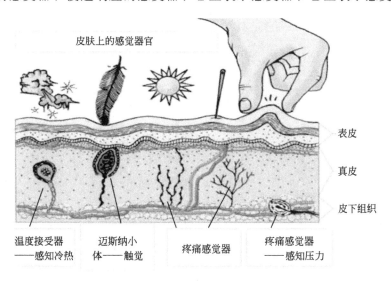

图 1.3　皮肤上感觉器官示意图

西尼小体（Pacinian Corpuscle）位于皮肤深层，体积较大（直径 1～4mm），呈卵圆形或球形，广泛分布在皮下组织、肠系膜、韧带和关节囊等处，感受压觉和振动觉，主要敏感频率在 60～700Hz。迈斯纳小体（Meissner Corpuscle）主要分布在手指、足趾的掌侧皮肤，其数量可随年龄增长而逐渐减少。主要感知皮肤上突然出现的触压和低频振动，在 30Hz 左右达到灵敏度峰值。梅克尔小体（Merkel Cell）对皮肤的切线应力敏感，也可编码小于 10Hz 的低频运动。鲁菲尼小体（Ruttini Endings）位于表皮层较深的位置，对皮肤的伸张作出响应，感受压力、振动、伸展。另外还有一些皮肤感受器或神经末梢对毛发运动、皮肤痛觉、温觉、冷觉等作出响应。

第2章

感官评价的发展与应用

2.1 感官评价概述

2.1.1 感官评价的定义

感官评价（Sensory Evaluation）也称感官分析（Sensory Analysis）或感官检验（Sensory Test）。2008 年颁布的国际标准 ISO 5492 对感官评价的定义是 "Science involved with the assessment of the organoleptic attributes of a product by the senses"，即用感觉器官评价产品感官特性的科学。该定义突出了感官评价最重要的特点——以人作为"测量仪器"，一方面测量产品的颜色、滋味、气味、触感、声音等特性，另一方面获知产品所能引起的人的反应。简而言之，感官评价是一门通过人的五官感受来测量、分析和诠释感官反应的学科，也是唯一能让人知道用户如何感知产品的具有统计学意义的检测方法。按照美国食品科学技术专家学会（Institute of Food Technologists）感官评价分会 1975 年提出的定义，感官评价是人们用来唤起、测定、分析和解释食品及原料当中那些可以被人们的视觉、嗅觉、味觉、触觉、听觉所感觉到的特征反应的科学。通俗地讲，就是以人作为"测试工具"，借助人的眼、鼻、嘴、手、耳等感觉器官，对样品进行定性、定量的测量与分析，了解人们对这些产品的感受或喜好程度。

何谓感官评价的"唤起""测定""分析""解释"？

唤起（Evoke）：在一定的控制条件下制备、处理和评价样品，减少各种影响因素，以便能正确唤起感官体验，使得测试结果客观精准，具有分析价值。即评价的场所和程序尽量不要影响评价员感觉器官的正常发挥，例如场所环境要安静，评价员须经系统培训和考核，评价过程中要排除各类干扰，问卷设计、样品编排上要排除各种倾向性等。

测定（Measure）：在样品特征（属性）和评价员感知之间建立合理准确的定量关系，即数据采集过程。不同的评价目的需要采用不同的测试方法，合理的测试方法可以让评价员辨别样品中各属性的细微变化、变化比例以及喜好偏向等。通过配备标准测试样品、对评价员进行长期训练和定期考核，经培训考核通过的评价员须熟练掌握感官属性的定义及评判尺度，从而确保评测过程与测评结果的准确度、精确度和重现度符合感官测评规范要求。

分析（Analyze）：应用数据统计方法对感官评价测量数据进行分析。合适的统计方法和分析手段在感官评价中至关重要。化妆品感官评价中常用的统计分析方法主要有：算术平均法、标准偏差、t 检验、单因素方差分析、SPSS

单样本非参数检验、卡方检验、主成分分析等。本书第 3 章和第 7 章将结合具体案例详细介绍各种实用的化妆品感观评价分析方法。总之,应根据化妆品感官评价的实际需要和目的选择合适的分析方法。

解释(Interpret):基于数据分析对结果作出合理的阐述、判断,包括实验方法、检测属性的数据、分析方法、统计工具、数据解读以及相关研究背景等。必要时感官评价专家还需提供某些指标的改进方案与建议,如油脂含量的增减、乳化剂的选择等。

2.1.2　化妆品感官评价的定义

化妆品感官评价应该包含所有感觉(如视觉 、嗅觉 、触觉 、听觉 、味觉等) 的评价,而不仅仅是某一种感觉的测试。例如,视觉感官常用来评价化妆品的形状、颜色、均匀性、亮度、透明度等属性,触觉感官常用来评价化妆品的涂抹性、吸收性、黏性、残留量、流变性、硬度等属性,嗅觉感官常用来评价化妆品的香气、纯度、强度、单体气味等属性。

感官评价虽然以人作为"测试工具",但人体感官的复杂结构和系统反应决定了感官评价与仪器检测的不同。研究发现人体感官的知觉强度,并不会像实验室的检测仪器那样,随刺激因素的强度呈线性关系,而是呈现自己的独特反应。如当刺激强度低于某种知觉的阈值下限时,人体感官察觉不到这种刺激;当刺激强度超出阈值上限时,人体感官达到饱和状态,即使刺激强度继续增加,知觉强度也没有明显变化。图 2.1 说明了人体知觉强度随刺激因素强度的变化。

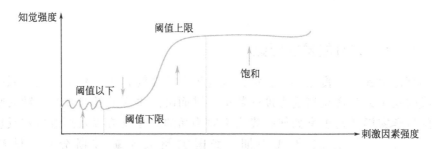

图 2.1　知觉强度随刺激因素强度的变化

2.1.3　化妆品感官评价的分类

感官评价大致可以分为客观评价和主观评价两类。客观评价又包括辨别性检验(Discrimination Tests)和描述性分析(Descriptive Tests),其中描述性分析法是采用定性描述符及定量描述符对感官知觉属性进行精确的、无歧义的、有判断力的详尽描述,每个属性都与一个数字相关联,测评结果一般不用文字表达而用数据和图表呈现。这类方法要求评价员必须是受过专业训练的优选评价员或感官测评专家，采用这类方法进行感官测评常能发现一些消费者不能发现的产品特质或差异。主观评价又称为情感测试（喜好度）（Affective Tests），包括偏爱测试和可接受性测试两种方式，目的是测试消费者对不同感官特性的喜爱程度。一般由有一定样本量要求的消费者代表（如30名以上）担任评价员，消费者代表无需经过相关训练，对样品的感官特性判定也无严格的要求，只是由个人喜好决定。图2.2说明了不同测试方法对评价员训练水平的要求。

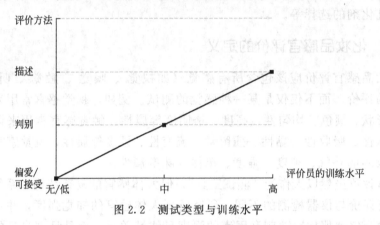

图2.2　测试类型与训练水平

2.2　感官评价的发展

2.2.1　感官评价的发展历史

感官评价起源于食品科学。第二次世界大战期间，美国陆军首次以系统化的方式收集士兵对食品接受程度的数据，进而决定供应的补给食品。随后欧美等国的科学家们开始思索如何收集人类对物品的感官反应以及形成这些反应的生理现象。20世纪50年代中期，美国加州大学戴维斯分校、俄勒冈（Oregon）州立大学、马萨诸塞（Massachusetts）大学、罗格斯（Rutgers）大学开设了一系列有关感官评价的课程。20世纪60~70年代随着全球食品工业的迅速崛起，感官评价技术也开始快速发展并开始在欧美大型食品企业中陆续得到应用，如雀巢、可口可乐、百事、玛氏、达能、桂格等众多食品公司，纷纷建立自己的食品感官评价实验室和感官评价小组，对其产品的感官特性进行分析和评价。

20世纪90年代后，由于国际商业活动频繁以及全球化概念的影响，感官评价也开始了自己的专业发展和国际交流，并开展了各种多元化研究。欧美市场涌现出各种感官方面的专业测评机构，替中小企业提供产品感官评价服务，如美国的 Tragon、Spectrum、Sensory Service 和加拿大的 Compusense 都是世界著名的感官评价顾问公司，其中不乏大师级人物，如 Tragon 的创办人 Herb Stone 及 John Sidel 就是定量描述分析法（QDA）的发明人，而 Spectrum 的负责人 Gail Civille 是第二代定量描述分析方法的发明者。

某些重视顾客体验的领域如汽车业、服装业、酒店业等，也在尝试应用感官评价开发新产品和新服务，如高档汽车关闭车门的声音、新车座椅皮革的气味、衣服布料的触感、酒店大堂的香氛等，以提升顾客满意度。例如汽车巨头戴姆勒·克莱斯勒在公司内部成立了一个全新部门，任务是专门研究、分析和制作出完美的开关车门的声音。全球气味营销网站 scentair. com 声称能为零售业、酒店业、医疗业、咨询业、服务业等各种商业环境提供效果显著的气味解决方案。

纵观全球在感官评价方面的最新发展，感官评价正与多学科多领域进行合作，例如开始研究跨国文化对人类感官反应的影响与不同人种对感官反应的差异影响，感官反应与人类各种行为的相互关系等。在品牌研究领域，美国密歇根大学的研究指出，由于味觉是从多感官衍生而来的，包括气味（嗅觉）、材质（触觉）、外观（视觉）和声音（听觉），如果一个食品广告能覆盖到以上这些感官，会比单独只提及味觉要有效得多。

经过 70 多年的研究发展，感官评价已经从最初的食品机构用来调查质量控制的一种相对简单的新方法，发展为在各种行业、各种商业环境下公认的一门应用型学科，并吸引越来越多不同领域的学者深入其中探寻感官的奥秘。现代营销学之父菲利普·科特勒积极推荐美国马丁·林斯特龙的著作《感官品牌》，说它揭示出隐藏在购买背后的感官秘密。

从广义上讲，具有几千年历史的品茶文化、品酒文化，可以算作我国原创的感官评价技术（艺术），但却是建立在纯个人经验和感悟的基础上，无法做到客观精准与高度重现。相对于欧美发达国家，系统化的现代感官评价技术在我国起步较晚，发展也较为缓慢。目前我国感官评价技术和方法主要应用在以下领域：餐饮业清洗效果评估（以目视法进行），生鲜产品如肉品、水产品、蛋品、乳品等，中药药材，香水材料，嗜好性产品如酒、茶叶，农畜产品，环保检测（目视及嗅觉），纺织品，包装材料，食品加工，护肤品等。

2.2.2　感官评价数据分析方法的发展

感官评价产生的测评数据需用统计方法进行分析，测评结果一般不用文字表达而用数据和图表呈现，所以合适的统计方法在感官评价中至关重要。一些常用的数据统计工具或软件可以应用于此领域，例如 Senpaq、SAS、SPSS、Excel（特别是带有 XLStat 辅助工具的）等。

随着感官评价技术的发展，目前已经有多款专为感官评价工作开发出来的专业软件，专门用来统计分析感官评价的测试数据。Panel Check 软件是用来评价感官评价小组表现和能力的较具代表性、针对性和实用性的软件。荷兰 OP&P 公司的 Senstools 软件主要采用方差分析与多元统计分析（PCA、GPA、MDPref、聚类分割法等）进行数据统计分析。法国 Biosystemes 公司的 FIZZ 软件不如前面两款软件全面和专业，它主要应用在质地描述分析中，通过对样品属性的统计，顺带对评价员的区别能力进行检测。加拿大 Compusense 公司的 Compusense Five 软件是在感官评价实验设计计算机管理软件的基础上升级的，含有 2-way ANOVA、Friedman 分析、Tukey's HSD、Fisher's LSD、Duncan's Multiple Range 检验与 Crosstabulations 等各种数学统计方法，专门应用于评估评价员及小组的排序能力与定向描述分析能力。相关软件还有挪威 Camo 公司的 Unscrambler、荷兰 Logic8 BV 公司的 EyeQuestion、美国 Tragon 公司的 TragonQDA。

2.2.3　化妆品感官评价的发展

相对感官评价在食品行业的普遍应用，化妆品感官评价的研究和技术应用起步较晚。目前国内只有广东工业大学、北京工商大学等为数不多的院校开设了化妆品感官评价专业课程。

据了解国内配备感官评价实验室的本土化妆品企业屈指可数，日常运作的感官评价实验室更是凤毛麟角。而一些外资化妆品企业如强生、联合利华、资生堂、欧莱雅等，它们设在中国的研发中心都建有自己的感官评价实验室，通过感官评价方法研发适合中国人的护肤品、彩妆、沐浴露、洗发水、牙膏等产品，从而更好地开拓中国市场，提升自身品牌形象。相比之下，国内一些中小化妆品企业还停留在靠生产管理者个人对产品进行感官判断的初级阶段，那些已经开展感官评价的化妆品企业，在具体运作时也会遇到一些困难和障碍。

随着人们生活水平的日益提高，产品体验好坏已成为消费者选择商品的重要参考因素。与食品感官评价测试食品的色、香、味、形等产品性能指标类似，化妆品感官评价主要是对化妆品的使用性能指标（如铺展性、滋润性、吸收度、起泡性、易冲洗程度等，即后文提及的"属性"）进行定量判断与测试。

随着化妆品行业的不断发展，化妆品感官评价技术与时俱进。除了采用数据分析方法之外，还引进辅助测量仪器如电子鼻、电子舌、质构仪等，将仪器测量和理性分析相结合，并深入研究化妆品流变特性测量、质构分析与感官评价的相互关系。这些技术应用进一步提升了化妆品感官评价的有效性、科学性，使化妆品感官评价成为一种真正可靠的科学研究手段。

2.3 感官评价的应用

目前感官评价常与企业内的研发、市场、质量、采购等部门合作，用于产品定位、配方设计、原料替换、质量控制、消费者喜好评估、市场预测等诸多方面，为产品生命周期管理过程中的重要商业决策提供参考意见。

感官评价作为一个客观测试平台，通过明确测试对象，选择合理的测试方法，筛选合格的测评人员，采用适当的统计方法，为企业内相互关联的各部门（如研发和市场、质量和采购等）提供了进行有效对话的结合点，它可以帮助我们选择合理的路线，得到最佳的价值价格比，更好地满足消费者需求；感官评价也是内部技术和外部市场的联系纽带，可预见产品变化对市场的影响，降低更换原料、变革工艺时的决策风险，为企业提供更多安全保障。

尽管建立感官评价小组需要预先投入人力、物力和财力，耗时短则3个月长则半年，但是一旦正式开始运作，一个可靠、高效且低成本运作的感官评价小组，在整个产品生命周期管理上起着极其重要的作用。它能够帮助企业提高新产品在消费者测试中的成功率；加速新产品研发；监控竞争品的技术改进；改进产品工艺；开发原材料替代品；强化质量管理和控制；发现新产品独特的感官属性等。

2.3.1 感官评价与产品开发

感官评价贯穿了整个新产品开发过程，无论是早期的产品开发策划，中期的配方形成及修改，还是后期的中试或大规模生产，感官评价都发挥着重要且独特的作用。

感官评价可以帮助技术人员和市场人员相互理解，是实验室测试和消费者测试之间的桥梁。感官评价可以用来帮助辨别目标消费人群、分析竞争产品和评估新产品概念，从而提高新产品在市场上的接受程度。

传统上，感官评价更多地被用于产品技术开发、质量控制、探索和开发新原料和生产工艺等方面，而较少作为市场营销的方法。随着对于消费者需求和偏好研究的深入，市场营销部门还发现，对于和产品属性（如涂抹性、吸收度、光滑度等）密切相关的消费者偏好和反应（如肤感喜好等），以及分析验证竞争对手的产品诉求、宣称等，都可以应用感官评价的方法。目前已经有公司采用感官评价得出的数据进行产品特色的市场宣称，区隔竞争产品，辨识仿冒产品，从而为目标消费者提供更加吸引人、更具说服力、满意度更高的产品。感官评价因其评价简单、直观有效、结果易得等优点，在企业商业决策中正发挥着越来越重要的价值。很多大型快消品公司都认可感官评价的作用，市场研究及品牌经理也越来越重视感官评价。

对技术开发人员来说，感官评价是新产品开发过程中非常有用的工具，可以帮助工程师辨识原始配方和改良配方之间的轻微差异，或者在产品维持方面验证两种配方的感官特征是否一致。

感官评价研究领域的新热点包括如何借助跨学科、跨领域、跨行业的知识和技术，在产品开发中相辅相成地应用感官评价和消费者测试工具，如何将客观、准确、标准化的感官评价和主观、模糊、变数大的消费者测试方法进行有机结合，正确解读测试数据，相互佐证测试结果，为产品开发提供更具参考价值的客观依据。

2.3.2 感官评价与质量控制

质量是大多数公司生产和宣传其产品特色的重要基础。在产品的小中试或量产过程中，感官评价可以帮助研发工程师、质量管理人员判断，是否因配方、工艺或原料供应商的改变影响了产品感官质量，从而确定原料是否可以替换或生产工艺是否需要调整。在质量控制中加入感官评价，可以有效监控因原料、工艺、配方调整等带来的产品质量变化，评估产品质量保证的有效期，以及不同批次生产的产品质量一致性等，这对产品的质量控制有着重要意义。

以顾客需求为导向已成为企业产品开发的重要策略之一。顾客总是按照自身需求和偏好来选择商品。不符合顾客需求的产品，即使技术非常先进，质量非常优良，也不能获得顾客青睐而取得市场成功。面对日趋激烈的市场竞争，企业的产品开发也由过去过分注重技术因素，期望凭借产品在技术上的优势去吸引消费者，转为现在的认真考虑顾客到底需要什么，即从以产品为中心转向以顾客为中心。一些企业开始把更多的精力放在新产品开发前期的顾客需求分析，挖掘他们的真实需要。消费者在购买产品时，不仅关注产品本身的功能、质量等，也关注产品的即时体验和自身情感需求。所以关注产品感觉特性设计，设计具有"高质感"的产品，已成为现代产品设计的发展趋势。

2.3.3 感官评价与稳定性试验

感官评价可以帮助质量人员了解产品在货架期上的变化情况，以及在消费者使用期间的变化情况。有些护肤品配方中添加了一定量的活性成分，这些活性成分遇到空气、光线、水分等时，容易发生理化变化，诸如变色、析出、分层等，从而引起产品感官特性发生变化，影响消费者的使用体验和使用效果。近年来，评估产品稳定性和储存期变得越来越重要，我们有必要了解产品随时间推移的变化情况及其对市场的影响。除此之外，技术发展和新型包装材料也会对产品的稳定性产生影响。基于不适当的储存期估算做出的商业决策可能导致严重的经济后果（如市场召回），因此对产品的储存期进行估算要非常慎重。

产品的稳定性受到很多因素影响，随着时间的推移，基本上所有产品都会发生变化，而这种变化通常都是不利的，且最终可能导致产品发生安全或者感官方面的问题。因此在评估产品储存期时，可以借助感官评价，通过测试分析产品在一定时间（3个月、6个月等）、一定温度（如55℃、－20℃）、湿度（100%）等条件影响下产生的感官变化，了解产品稳定性，预测产品储存期。

2.3.4　感官评价与消费者测试

感官分析是一种精确可靠的科学方法，测试数据具有重现性、可重复性及统计显著性。感官评价的差异评价中，无论是辨别检验（A和B有不同吗?）还是描述性测试（A和B有何不同?），都属于客观测试，只不过前者的答案是定性的，后者的答案是定量的。最重要的是，给出答案的不是普通人，而是一群在标准使用条件下用标准样品训练，具备了良好的能将检测差异进行感官知觉量化的专业人员（Sensory Panel）。

消费者测试(Consumer's Evaluation)是一种主观测试，主要用来评价市场潜力，如对产品的总体印象（即总体喜好度），对产品颜色、包装、气味等的喜好度，可接受性等。消费者只能进行简单分析，如评价"这香味好闻吗"时，答案常常是从"非常好/比较好/一般/比较不好/很不好"5个里面主观判断选一个，无法量化究竟有多好闻。表2.1汇总整理了感官评价和消费者测试的区别，图2.3进一步揭示了主观测试和客观测试的区别。

表2.1　对感官评价和消费者测试的比较

项目	感官测评	消费者测试
用途	筛选、分析、判断	决策、评估市场潜力
使用者	研发人员、质量管理人员等	市场营销人员、销售人员
评价员	专业测评人员	消费者代表
	经过筛选、培训、考核合格者	符合目标人群定义，无需培训、考核
测评结果	准确、一致、重复	凭个人偏爱或可接受度判断
测评人数	12～15人	每组至少35人以上
测试样品	1人可同时测试多个样品	一般每组只测试1个样品
测试部位	手背、前臂内侧、脸部	实际使用部位
判断依据	知觉分析、客观	个人喜好度、主观
描述	精准	模糊
评价	0分→15分/10分/5分;－3分→+3分	非常满意;较满意;一般;不太满意;非常不满意
费用	低	高
速度	快(3～5天)	慢(1～3个月)

研究发现，个人的文化背景和过去的经历经验影响消费者的感官反应。当

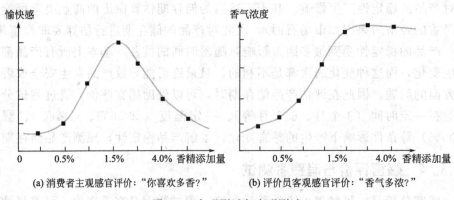

(a) 消费者主观感官评价："你喜欢多香？"　　(b) 评价员客观感官评价："香气多浓？"

图 2.3　主观测试与客观测试

感官反应与愉快的经历相关联时，中性或消极的感官刺激会变得偏积极；当感官反应与不愉快的经历相关联时，中性或消极的感官刺激会变得更消极。这种感觉刺激会诱导消费者，一般来说，积极感会让你用过去的经历来体验新事物，而消极感会让你对新的经历存有偏见。

可见，感官评价与许多学科都有千丝万缕的关系。在实施化妆品感官评价的过程中，生物学、医学、心理学、逻辑学、物理、化学、数学、实验学、统计学、社会行为学、伦理学等学科知识都得到了一定程度的应用。

第3章

感官评价方法

感官评价在产品研发过程中有着举足轻重的作用，其方法纷繁复杂，根据不同的研究目的，可分为三大类：辨别性检验（Discrimination Tests）、描述性分析（Descriptive Tests）和情感测试（喜好度）（Affective Tests）。如果研究人员想要确定产品间是否存在差异，应选择辨别性检验。如果产品间已经被证实存在差异，需要进一步判别感官差异的本质及差异的程度，应选择描述性分析。如果要测试消费者对产品的喜欢程度或产品被市场的接受程度，应选择情感测试。本章会结合具体案例对每一类感官评价方法的原理、测试步骤、应用特点等进行详细介绍。

3.1 辨别性检验

辨别性检验操作简单，能够快速得到结果，评价员必须事先筛选，可以是经过培训或者毫无经验的人员，但是二者不能混合使用。辨别性检验的核心是"差异"，根据差异关注点的不同，又可以分为总体差异检验和特定属性差异检验。例如，企业为了优化成本，想要在某膏霜配方中更换防腐剂原料商，消费者能否感知原料更换前后的差别呢？此时应选择总体差异检验。又如某防晒霜的钛白粉增加了1%，消费者是否会觉得比原来的产品更白些？此时特定属性差异检验更适用。

三点检验（Triangle Test）、二-三点检验(Duo - trio Test)、"A"-"非A"检验（'A'-'not A'）等属于整体差异检验，成对比较法（2-Alternative Forced Choice）、简单排序法（Simple Ranking Test）、多样品差异比较法（Multi-sample Difference Test）等属于特定属性差异检验。辨别性测试方法有很多种，本章只针对最常用的三点检验、二-三点检验和成对比较法作详细介绍，读者如对其他方法感兴趣，可参考国际标准化组织（ISO）、美国材料与实验协会（ASTM）和中华人民共和国国家标准，里面均有关于辨别性测试的具体标准。

3.1.1 三点检验

三点检验最早由嘉士伯啤酒厂的 Bengtson 和同事于 1949 年前后制定。三点检验在所有的辨别性测试方法中应用最广泛，用于检验两个样品间是否存在可感知的感官差别或相似性。通过三点检验，感官测试员只能确定两个样品间的差异是否存在，但是不能确定哪些特定感官属性存在差异。

在三点检验中，三个样品会同时呈现在评价员面前，其中两个样品基于相同的配方、原料和生产工艺，另一个样品则在某些方面有细微不同，通常要求评价员从中选择不一样的样品。然后统计选择正确的人数，根据统计学表确定显著性。通常，检验相似性时，要达到同样的敏感度，则需要双倍的评价员，即大约60人作单次测试。在检验差异性时，当评价员人数小于18人时，不宜采用三点检验。为了得到足够的数据，允许评价员作重复评价，即15人重复评价两次，可作为30人的数据进行处理。而在相似性检验时，不允许评价员作重复评价。

三点检验的步骤相对复杂，具体操作可参照以下步骤。

① 以同一方式，包括相同的容器、样品数量及排列形式（通常为直线或三角形等）制备样品组，样品的组合形式包括：AAB，ABA，BAA，BBA，BAB，ABB。以6组的倍数来准备，样品的组合需达到平衡。容器上需要以随机三位数编号，每次检测编号应不同。

② 根据所需的敏感度召集相应数量的评价员，评价员必须熟悉三点检验的要求及测试样品的品类。评价员数量应尽量满足6的倍数，如实在不能满足，可随机舍弃多余的样品组，使不平衡性降到最低或者为每个评价员提供6组样品进行重复测试。

③ 把三个样品同时呈现给评价员，评价员从左至右评价样品，虽然对操作手法不作限制，但应要求评价员对所有样品的评价按同样方式进行。如样品性质允许，评价员可为这三个样品作出重复评价。

④ 评价形式有两种：强迫选择和允许无差异。考虑到检验结果的准确性，建议使用强迫选择，即在评价员认为样品间无差异时，应随机指出与其他两个样品有差异的一个样品，并在备注里说明。

⑤ 统计正确的答案数，对照统计学表，根据相应的评价员数量和a-显著水平，找到存在显著性差异时所需最少正确答案数，以此确定显著性。第7章会具体介绍此部分内容。从统计学角度来看，三点检验回答正确的概率为1/3，比二-三点检验和成对比较法更有效，适用于细微差别的样品检验。同时，三点检验对于评价员的要求更高，因为在评价第三个样品时需要对前两个样品的感官特征进行回忆，因此也常用于评判评价员的感官敏锐性。

在某些情况下，三点检验并不适用，如洗面奶半脸测试，无法在短期内使用3个样品。

案例 3-1

测试背景： 某公司想要筛选一批感觉敏锐的优秀评价员。

测试目的： 检验申请人员是否能够察觉出两款膏霜间的可感知的使用后肤感差异。

测试设计： 测试管理员事先招募 24 个评价员(拥有膏霜使用经验)，并准备工作表(见表 3.1)、回答表(见表 3.2)，18 支注射器用以统一用量和 3 罐样品用以抽样(如图 3.1 所示)，申请人员 6 人一组，共分 4 组，分组依次进入小隔间内进行三点测试。

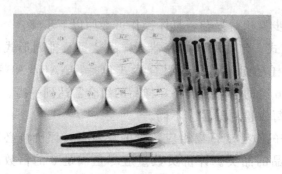

图 3.1　样品准备

表 3.1　三点测试工作表

日期：	测试编号：		样品类别：膏霜
测试介绍	背景：某公司想要筛选一批感觉敏锐的评价员。 目的：检验申请人员是否能够察觉出两款膏霜间可感知的使用后肤感差异。		
测试管理员向申请者介绍测试流程： 目前有三个样品，其中一个与其他两个不同，请您从左到右依次使用您面前的注射器(注射器内样品全部用完)，在手臂内侧涂抹后，找出不一样的样品，并说明哪里不一样。 如果您不能感觉出差异，请猜猜哪个样品最有可能不一样。			
注意：此表仅供测试管理员使用，需在申请者回答表收集后填写完整。			
申请者姓名	送样顺序	样品编号	不一样的样品编号	说明
张三	ABA	316-547-892		
李四	ABB	673-148-794		
赵五	AAB	526-835-103		
王一	BAA	936-325-892		
孙二	BAB	570-426-873		
吴七	BBA	628-492-504		
……	……	……		
测试管理员签字：	日期：		

表 3.2 三点测试回答表

申请者姓名：	日期：	样品编号(从左到右)：

提示语：

① 按从左到右的顺序依次评价,注射器内样品须全部用完,在前臂内侧,用食指指腹涂抹产品。

② 涂抹后,请先用湿纸巾擦拭手指,再使用干纸巾擦拭手指,在前臂内侧另一处,涂抹下一个样品。

③ 在样品组中选择与其他两个不同的样品,并将编号填于下面横线上。

④ 如果您认为样品非常接近,没有什么区别,您也必须在其中选择一个填于下面横线上,并说明。

⑤ 如有需要,可以重复评价样品。

您认为与其他两个不同的样品编码是：

不同点说明：

感谢您的参与!

测试结果： 回收 24 份问卷,按照表 3.3 确认存在显著性差别所需最少正确答案数。结果共有 17 人做出了正确选择,说明两个样品之间存在显著性差别。

表 3.3 三点检验确定存在显著性差别所需最少正确答案数

n	a					n	a				
	0.20	0.10	0.05	0.01	0.001		0.20	0.10	0.05	0.01	0.001
6	4	5	5	6	—	27	12	13	14	16	18
7	4	5	5	6	7	28	12	13	15	16	18
8	5	5	6	7	8	29	13	14	15	17	19
9	5	6	6	7	8	30	13	14	15	17	19
10	6	6	7	8	9	31	14	15	16	18	20
11	6	7	7	8	10	32	14	15	16	18	20
12	6	7	8	9	10	33	14	15	17	18	21
13	7	8	8	9	11	34	15	16	17	19	21
14	7	8	9	10	11	35	15	16	17	19	22
15	8	8	9	10	12	36	15	17	18	20	22
16	8	9	9	11	12	42	18	19	20	22	25
17	8	9	10	11	13	48	20	21	22	25	27
18	9	10	10	12	13	54	22	23	25	27	30
19	9	10	11	12	14	60	24	26	27	30	33
20	9	10	11	13	14	66	26	28	29	32	35
21	10	11	12	13	15	72	28	30	32	34	38
22	10	11	12	14	15	78	30	32	34	37	40
23	11	12	12	14	16	84	32	35	36	39	43
24	11	12	13	15	16	90	35	37	38	42	45
25	11	12	13	15	17	96	37	39	41	44	48
26	12	13	14	15	17	102	39	41	43	45	50

注 1. 表中的数值根据二项式分布求得,因此是准确的,对于表中未设的 n 值,根据下列二项式计算其近似值。

$$x = (n/3) + z\sqrt{2\pi/9}$$

最小正确答案数(x)＝大于上式计算结果最近似的整数

其中 z 随下列显著性水平变化而异：$a = 0.02$ 时,$z = 0.84$；$a = 0.10$ 时,$z = 1.28$；$a = 0.05$ 时,$z = 1.64$；$a = 0.01$ 时,$z = 2.33$；$a = 0.001$ 时,$z = 3.09$。

2. 当 $n < 18$ 时,不宜用三点检验。

3.1.2 二-三点检验

对于评价员而言，二-三点检验相较于三点检验操作难度降低，用以检验两个样品间是否存在可感知的感官差别或相似性。通过二-三点检验，只能确定两个样品间的差异是否存在，但是不能确定哪些特定感官属性存在差异。

在二-三点检验中，有三个样品会同时呈现在评价员面前，一个样品被标注为参比样品，另外两个样品中有一个和参比样品使用相同的配方、原料和生产工艺，另一个样品则在某些方面有所不同，通常要求评价员从中选择最接近参比样品的样品。统计正确的答案数，根据统计学表确定显著性。通常，检验差异性时，需要 32~36 人，而检验相似性时，要达到同样的敏感度，需要双倍的评价员，即约 72 人。在检验差异性时，当评价员人数小于 24 人时，不宜采用二-三点检验。为了得到足够的数据，允许评价员作重复评价，即 15 人重复评价两次，可作为 30 人的数据进行处理。而在相似性检验时，不允许评价员作重复评价。

二-三点检验可参考以下步骤。

① 样品参比技术共有两种：恒定参比检验和平衡参比检验，当评价员对两个待测样品都不熟悉或者熟悉的样品没有足够的量，推荐使用平衡参比检验。

恒定参比检验：参比样品（用 R 简称）只采用一个待测样品，排列形式有 R(A)-A-B，R(A)-B-A 或者 R(B)-A-B，R(B)-B-A，二选一即可。

平衡参比检验：参比样品（用 R 简称）采用两个待测样品，排列形式有 R (A)-A-B，R(A)-B-A，R(B)-A-B，R(B)-B-A。

以同一方式，包括相同的容器、样品数量及排列形式（通常为直线或三角形等）制备样品组，样品的组合需达到平衡。参比样品建议放在两个待测样品间，这样评价员只需要比较相邻的样品，降低了因记忆力影响准确性的风险。容器上需要以随机三位数编号，每次标注的编号应不同。

② 根据所需的敏感度召集相应数量的评价员，评价员必须熟悉二-三点检验的要求及测试样品的品类。评价员数量如少于样品组总数，应对样品组进行取舍。对于平衡参比检验：如果评价员少一组，随机去掉一组样品；如果少两组，随机去掉含参比样品 A 和参比样品 B 的样品各一组；如果少三组，分别随机去掉一组含参比样品 A 和参比样品 B 的样品组后，再随机去掉一组。恒定参比检验中样品取舍方法与之类似，原则都是使不平衡性降到最低。

③ 把三个样品同时呈现给评价员，评价员从左至右分别与参比样品进行比较，虽然操作手法不作限制，但应要求评价员对所有样品的评价按同样方式进行。如样品性质允许，评价员可为这三个样品作出重复评价。

④ 评价形式有两种：强迫选择和允许无差异。考虑到检验结果的准确性，建议使用强迫选择，即在评价员认为样品间无差异时，应随机指出与其他两个样品有差异的一个样品，并在备注里说明。

⑤ 统计正确的答案数，对照统计学表，根据相应的评价员数量和 a-显著水平，找到存在显著性差异时所需最少正确答案数，以此确定显著性。

二-三点检验可看作同时进行了两个成对比较检验，虽然有效性低于三点检验，但评价员实施更容易，特别是在评价员对参比样品的感官特性非常熟悉或者测试样品的刺激相对强烈时，常使用该方法代替三点检验。

案例 3-2

测试背景： 某公司的研发主管想要应用一种新的工艺来改善生产效率，但是不确定工艺的改变是否会导致产品的香味在存储一周后发生改变。

测试目的： 检验消费者是否能够察觉出两个样品(原工艺和新工艺生产的样品)的香味在存储一周后发生了显著变化。

测试设计： 测试管理员事先招募 32 个候选人，显著水平定为 5%，并准备工作表(见表 3.4)、回答表格(见表 3.5)和 18 罐样品，每 6 人为一组，进行二-三点检验。因为新工艺生产的样品数量有限，因此选择恒定参比技术，使用原工艺生产的样品作为参比样品。

表 3.4　二-三点测试工作表

日期：	测试编号：		样品类别：膏霜

测试介绍	背景：某公司的研发主管想要应用一种新的工艺来改善生产效率，但是不确定工艺的改变是否会导致产品的香味在存储一周后发生改变。 目的：检验消费者是否能够察觉出两个样品（原工艺和新工艺生产的样品）的香味在存储一周后发生了显著变化。

测试管理员向申请者介绍测试流程：

目前有三个样品，中间一个是参比样品，请您从左到右依次嗅闻，根据样品香味，选出最接近参比样品的测试样品。在依次评价每个香味前，请将咖啡豆放在鼻子下并深呼吸一下，过滤鼻腔，以便充分感受香味。

如果您不能确定，请猜猜哪个样品的香味最有可能接近参比样品。

注意：此表仅为测试管理员使用，需在申请者回答表收集后填写完整。

申请者姓名	送样顺序	样品编号	最接近的样品编号	备注
张三	A-R-B	316-R-892		
李四	B-R-A	673-R-794		
赵五	A-R-B	526-R-103		
王一	B-R-A	936-R-892		
孙二	A-R-B	570-R-873		
吴七	B-R-A	628-R-504		
……	……	……		

测试管理员签字：		日期：	

表 3.5　二-三点测试回答表

申请者姓名：	日期：	样品编号（从左到右）：

提示语：

① 请将咖啡豆放在鼻子下并且深呼吸一下，过滤鼻腔。

② 中间的样品是参比样品，按从左到右的顺序依次嗅闻测试样品后与参比样品比较。

③ 在依次评价每种香味前，请先将咖啡豆放在鼻子下并深呼吸，以过滤鼻腔。

④ 在样品组中选择最接近参比样品的样品，并将编号填于下面横线上。

⑤ 如果您认为测试样品非常接近，没有什么区别，您也必须在其中选择一个样品，并备注。

⑥ 如有需要，可以重复评价样品。

您认为最接近参比样品的样品编码是：

备注：

感谢您的参与！

测试结果： 回收 32 份问卷，核对答案后共有 13 人做出了正确选择。按照工作表查询统计表（表 3.6）可知，当评价员为 32 人、显著水平为 5% 时，判断存在显著性差异所需最少正确答案数为 22。因为只有 13 人做出了正确选择，小于所需最少正确答案数 22，故可判断两样品不存在显著性差异。

结论： 使用新工艺生产的样品和使用原工艺生产的样品在存储一周后，香味没有显著差异。通过检验表明，新工艺不会影响样品的香味。

表 3.6 二-三点检验推断感官差别存在所需最少正确答案数

n	a					n	a				
	0.20	0.10	0.05	0.01	0.001		0.20	0.10	0.05	0.01	0.001
6	5	6	6			26	16	17	18	20	22
7	6	6	7	7		27	17	18	19	20	22
8	6	7	7	8		28	17	18	19	21	23
9	7	7	8	9		29	18	19	20	22	24
10	7	8	9	10	10	30	18	20	20	22	24
11	8	9	9	10	11	32	19	21	22	24	26
12	8	9	10	11	12	36	22	23	24	26	28
13	9	10	10	12	13	40	24	25	26	28	31
14	10	10	11	12	13	44	26	27	28	31	33
15	10	11	12	13	14	48	28	29	30	33	36
16	11	12	12	14	15	52	30	32	33	35	38
17	11	12	13	14	16	56	32	34	35	38	40
18	12	13	13	15	16	60	34	36	37	40	43
19	12	13	14	15	17	64	36	38	40	42	45
20	13	14	15	16	18	68	38	40	42	45	48
21	13	15	15	17	18	72	41	42	44	47	50
22	13	14	16	17	19	76	43	45	46	49	52
23	15	16	16	18	20	80	45	47	48	51	55
24	15	16	17	19	20	84	47	49	51	54	57
25	16	17	18	19	21	88	49	51	53	56	59

注：1. 表中的数据根据二项式分布得到，因此是准确的。对于不在表中的最值，根据下式计算近似值：

$$x = n/2 + z\sqrt{n/4}$$

最少正确答案数（x）＝大于上式计算结果的最近似整数

其中 z 随以下显著水平不同而不同：$a = 0.20$ 时，$z = 0.84$；$a = 0.10$ 时，$z = 1.28$；$a = 0.05$ 时，$z = 1.64$；$a = 0.01$ 时，$z = 2.33$；$a = 0.001$ 时，$z = 3.09$。

2. $n < 24$ 时，通常不推荐用二-三点检验方法检验差异性。

小提示：

在招募评价员时，要特别注意在短期内该评价员是否参与了其他鉴别检验方法，如三点检验，侧重于选择不同的样品。因为要求评价员在一种方法里识别"不同"，在另一种方法里识别"相同"，有可能会导致回答不正确的概率增大。

3.1.3 "A"-"非A"检验

"A"-"非A"检验主要用于三点检验和二-三点检验均不适宜的情况下，适用于无法取得完全类似样品的差别检验，但不涉及差异的方向，也适用于敏感性检验，用于确定评价员对一种特殊刺激的敏感性。例如，样品比较复杂，多次评价遗留味道较大的样品，或用半个头、半张脸评价个人洗护产品。

在"A"-"非A"检验中，评价员事先会得到"A"，必要时也会提供"非A"的产品，根据自己的标准去体会样品的感官特性，并加以熟记。测试过程中，会随机呈现给评价员一系列"A"或"非A"的样品，并要求判定与"A"或"非A"是否一致。统计正确的答案数，通过卡方检验确定显著性。通常，需要10~50名评价员参与测试。

① 以同一方式，包括相同的容器和样品量制备样品。容器上需要以随机三位数编号，每次检测编号应不同。检验中，评价员可能得到以下几种类型的样品：

• 一个样品（"A"或"非A"中的一种）

• 两个样品（"A"和"非A"）

• 几个样品（最多20个，等量的"A"和"非A"样品）

测试样品的数量取决于样品味道的遗留程度和评价员的疲劳程度。如果测试多个样品，至少要随机分配摆放的顺序，如果有可能最好能平均分配。为避免评价员从数据中寻找样品分配模式，每个测试样品应使用单独的问卷。

② 以随机的顺序发给评价员一系列样品，有的是"A"，有的是"非A"，所有的"非A"样品所比较的主要特征指标应相同，但外观等非主要特性指标可以稍有差异。两种测试品的具体数目事先不告知。提供样品应有适当的时间间隔，并且一次评价的样品不宜过多，以免产生感官疲劳。

③ 要求评价员将系列样品按顺序识别为"A"或"非A"并在限定时间内完成检验。

④ 统计答案数，通过卡方检验，以此确定显著性。

当其中的一个样品有特定的含义或被评级员熟知，如参比或对照样品，推荐使用"A"-"非A"检验。但因各评价员评判样品"A"或"非A"的标准不一，"A"-"非A"检验受偏见的影响（O'Mahony，1992）。为降低偏见影响，可在"A"-"非A"检验中应用确信评级（Sureness Rating）。此情况下，要求评价员用分类样表说明他们对答案的确信程度，如非常确信、确信、不确信、非常不确信。

案例 3-3

测试背景： 某公司收到消费者反馈某一批男士洗面奶具有质量问题，紧急召回同批次产品。

测试目的： 检验召回的产品与留样的合格产品之间在感官上是否存在明显差异。

测试设计： 测试管理员事先招募32个评价员（拥有男士护肤品的使用经历），并准备工作表（见表3.7）、回答表格（见表3.8）、统计表格（见表3.9）、8支注射器和2罐样品（供抽样使用），每8人为一组，使用"A"-"非A"比较检验，进行半脸测试。

表3.7 "A"-"非A"比较检验工作表

日期：	测试编号：			样品类别:洗面奶
测试介绍	背景:某公司收到消费者反馈某一批男士洗面奶具有质量问题,紧急召回同批次产品。 目的:检验召回的产品是否具有感官差异。			
测试管理员向申请者介绍测试流程: 请先使用标准样品清洁左半边脸,仔细体验整个使用过程中的感觉,熟悉后,请用测试样品在右半边脸仔细清洁,判断测试样品是标准样品还是非标准样品。				
注意:此表仅为测试管理员使用,需在申请者回答表收集后填写完整。				
申请者姓名	送样顺序	样品编号	标准样品	非标准样品
张三	A	146		
李四	A	275		
赵五	非A	947		
王一	A	632		
孙二	非A	518		
吴七	非A	709		
……				
测试管理员签字:			日期：	

表3.8 "A"-"非A"比较检验回答表

评价员姓名：	日期：	样品编号：
提示语: ① 请先使用面前的洁面乳(标准样品)清洁左半边脸,仔细体验整个使用过程中的感觉,熟悉后,请将标准样品还给评价小组组长。 ② 由标准样品和非标准样品组成的编码不同的系列样品顺序是随机的。 ③ 当你收到测试样品后,请在右半边脸上使用,仔细体会后判断是标准样品还是非标准样品。 ④ 勾选您的答案。 ⑤ 该测试为半脸测试,不允许重复评价。		
您认为测试产品是:标准样品/非标准样品		
感谢您的参与!		

表 3.9　检验判别统计表

样品数→ 判别数↓		"A"和"非 A"样品数		累计
		"A"	"非 A"	
判别为"A" 或"非 A" 的回答数	"A"	n_{11}	n_{12}	$n_{1.}$
	"非 A"	n_{21}	n_{22}	$n_{2.}$
累计		$n_{.1}$	$n_{.2}$	$n_{..}$

注: n_{11}——样品本身为"A"而评价员也认为是"A"的回答总数。

　　n_{22}——样品本身为"非 A"而评价员也认为是"非 A"的回答总数。

　　n_{21}——样品本身为"A"而评价员认为是"非 A"的回答总数。

　　n_{12}——样品本身为"非 A"而评价员认为是"A"的回答总数。

　　$n_{1.}$——第一行回答数的总和。

　　$n_{2.}$——第二行回答数的总和。

　　$n_{.1}$——第一列回答数的总和。

　　$n_{.2}$——第二列回答数的总和。

　　$n_{..}$——所有回答数。

测试结果：　见表 3.10。

表 3.10　检验判别统计表实例

样品数→ 判别数		"A"和"非 A"样品数		累计
		"A"	"非 A"	
判别为"A" 或"非 A" 的回答数	"A"	8	6	14
	"非 A"	5	13	18
累计		13	19	32

结论：　结果发现召回的产品与合格产品间没有差异，需要另外调查消费者反馈原因。

小提示：

　　当"A" - "非A"检验用于质量控制时，"非A"样品可以为未知，并且可以不需要评价员熟悉"非A"样品这一步骤。

3.1.4　成对比较检验

　　根据检验目的的不同，成对比较检验可分为两种：两点强迫选择法和异同检验。异同检验的技术原理和三点检验、二-三点检验非常相似，用于检验两个样品间的总体差异性，并不经常使用。如果研究人员想要检验两个样品间某个特定感官属性的强度是否存在可感知的感官差异性或相似性，如哪个样品更易涂抹，使用后更黏，则应使用两点强迫选择法。此处我们详细介绍的是两点强迫选择法。

在成对比较检验（两点强迫选择法）中，根据检验目的，判断是否需要事先对评价员进行某一特定属性的培训。同时呈现两个样品在评价员面前，要求评价员指出在特定属性上两个产品的强弱比较，统计正确的答案数，根据统计学表确定显著性。需要注意的是，在实验前要确定是单边检验还是双边检验。当研究人员对两个产品特定属性的强弱有预先判断，如想要验证样品 A 比样品 B 膏体更厚，则应使用单边检验；当研究人员不确定两个产品特定属性的强弱比较，如想要比较样品 A 和样品 B 哪个膏体更厚，则应使用双边检验。通常，检验差异性时，需要 24～30 人，而检验相似性时，要达到同样的敏感度，则需要双倍的评价员，即大约 60 人。在检验差异性时，当评价员人数小于 18 人时，不宜采用成对比较检验。为了得到足够的评论数，允许评价员作重复评价，即 15 人重复评价两次，可作为 30 人的数据进行处理。而在相似检验时，则不允许评价员作重复评价。

① 以同一方式，包括相同的容器、样品数量及排列形式（从左至右成行或从上至下成列）制备样品组，样品的组合形式包括：AB，BA。以 2 组的倍数来准备，使样品的组合达到平衡。容器上需要以随机三位数编号，每次检测编号应不同。

② 根据所需的敏感度召集相应数量的评价员，评价员数量应尽量满足 2 的倍数，如实在不能满足，可采取随机舍弃多余的样品组，使不平衡性降到最低。根据检验目的，判断是否需要事先对评价员进行某一特定属性的培训。

③ 把两个样品同时呈现给评价员，评价员从左至右评价样品，虽然操作手法不作限制，但应要求评价员对所有样品按同样方式进行评价。如样品性质允许，评价员可为这两个样品作出重复评价。

④ 评价形式有两种：强迫选择和允许无差异。考虑到检验结果的准确性，建议使用强迫选择，即在评价员认为样品间无差异时，随机指出其中的一个样品在某特定感官属性上强度更强，并在备注里说明。

⑤ 统计正确的答案数，对照统计学表，根据相应的评价员数量和 a-显著水平，找到存在显著性差异时所需最少正确答案数，以此确定显著性。

两点强迫选择法只涉及两个产品的比较，评价员操作相对简单，且只关注特定属性的强弱，比评价样品的总体差异更有效。缺点是样品间很难只在某个特定属性上存在差异，如样品间差异较多，建议考虑使用总体差别检验。

测试背景: 根据消费者研究反馈, 市场上男士面部啫喱的清凉感太弱, 某公司想要研发一款比当前产品具有更强烈的清凉感的新产品。

测试目的: 检验改进后的产品是否比之前的产品有更强烈的清凉感。

测试设计: 测试管理员事先招募 40 个评价员 (拥有男士护肤品的使用经历), 显著水平定为 5%, 并准备工作表 (见表 3.11)、回答表格 (见表 3.12)、16 支注射器和 2 罐样品 (供抽样使用), 每 8 人为一组, 使用成对比较检验, 进行半脸测试。

表 3.11 成对比较检验工作表

日期:	测试编号:		样品类别:啫喱
测试介绍	背景:根据消费者研究反馈,市场上男士面部啫喱的清凉感太弱,某公司想要研发一款比当前产品具有更强烈的清凉感的新产品。 目的:检验改进后的产品是否比之前的产品有更强烈的清凉感。		
测试管理员向申请者介绍测试流程: 目前有两个样品,请您从左到右依次使用您面前的注射器(注射器内样品全部用完),在左边脸涂抹均匀,仔细感受该产品的清凉感后,先用湿纸巾擦拭双手,再用干纸巾擦拭一遍。在右边脸使用第二个样品。在样品组中选择感觉最清凉的产品。 如果您不能感觉出差异,请猜猜哪个样品最有可能感觉更清凉。			
注意:此表仅为测试管理员使用,需在申请者回答表收集后填写完整。			

申请者姓名	送样顺序	样品编号	最接近的 样品编号	备注
张三	A-B	316-892		
李四	B-A	673-794		
赵五	A-B	526-103		
王一	B-A	936-892		
孙二	A-B	570-873		
吴七	B-A	628-504		
……	……	……		
测试管理员签字:			日期:	

表 3.12　成对比较检验回答表

评价员姓名：	日期：	样品编号(从左到右)：

提示语：
① 请先使用面前的洁面乳清洁面部，并用纸巾擦干。
② 按从左到右的顺序使用注射器(注射器内样品全部用完)，依次在左边脸和右边脸评价产品的清凉感。
③ 在评价第二个样品前，请用湿纸巾擦拭双手，再用干纸巾擦拭双手，以免不同样品相互干扰。
④ 在样品组中选择较清凉的样品，并将编号填于下面横线上。
⑤ 如果您认为测试样品非常接近，没有什么区别，您也必须在其中选择一个填于下面横线上，并备注。
⑥ 因为是半脸测试，不允许重复评价。

您认为最清凉的样品编码是：

备注：

感谢您的参与！

测试结果： 回收 40 份问卷，按照表 3.11 核对答案。结果表明共有 30 人认为 A 产品更清凉。查询统计表 3.13 和表 3.14，当评价员为 40 人，显著水平为 5% 时，判断感官差别存在所需最少答案数为 27 人，说明两个样品的清凉感存在显著性差异。

结论： 改进后的样品清凉感比之前的样品显著强烈，达到了预期目的。

表 3.13　单边成对检验统计表

n	a					n	a				
	0.20	0.10	0.05	0.01	0.001		0.20	0.10	0.05	0.01	0.001
10	7	8	9	10	10	25	16	17	18	19	21
11	8	9	9	10	11	26	16	17	18	20	22
12	8	9	10	11	12	27	17	18	19	20	22
13	9	10	10	12	13	28	17	18	19	21	23
14	10	10	11	12	13	29	18	19	20	22	24
15	10	11	12	13	14	30	18	20	20	22	24
16	11	12	12	14	15	31	19	20	21	23	25
17	11	12	13	14	16	32	19	21	22	24	26
18	12	13	13	15	16	33	20	21	22	24	26
19	12	13	14	15	17	34	20	22	23	25	27
20	13	14	15	16	18	35	21	23	23	25	27
21	13	14	15	17	18	36	22	23	24	25	28
22	14	15	16	17	19	37	22	23	24	27	29
23	15	16	16	18	20	38	23	24	25	27	29
24	15	16	17	19	20	39	23	24	25	28	30

n	a					n	a				
	0.20	0.10	0.05	0.01	0.001		0.20	0.10	0.05	0.01	0.001
40	24	25	25	28	31	84	47	49	51	54	57
44	26	27	28	31	33	88	49	51	53	56	59
48	28	29	31	33	36	92	51	53	55	58	62
52	30	32	33	35	38	96	53	55	57	60	64
56	32	34	35	38	40	100	55	57	59	63	66
63	34	36	37	40	43	104	57	60	51	65	69
64	36	38	40	42	45	108	59	62	54	67	71
68	38	40	42	45	48	112	61	64	55	69	73
72	41	42	44	47	50	115	64	66	58	71	76
76	43	45	46	49	52	120	66	68	70	74	78
80	45	47	48	51	55						

注：1. 表中的数据根据二项式分布求得，因此是准确的，对于不包括在表中的 n 值，以下述方式得到近似值

$$x=(n+1)/2+z\sqrt{0.25n}$$

最少正确答案数（x）＝大于上式计算结果最近似的整数

其中 z 随以下显著水平不同而不同：$a=0.20$ 时，$z=0.84$；$a=0.10$ 时，$z=1.28$；$a=0.05$ 时，$z=2.33$；$a=0.001$ 时，$z=3.09$。

2. $n<18$ 时，通常不推荐用成对差别检验。

表 3.14 双边成对检验统计表

n	a					n	a				
	0.20	0.10	0.05	0.01	0.001		0.20	0.10	0.05	0.01	0.001
10	8	9	9	10		21	14	15	16	17	19
11	9	9	10	11	11	22	15	16	17	18	19
12	9	10	10	11	12	23	16	16	17	18	20
13	10	10	11	12	13	24	16	17	18	19	21
14	10	11	12	13	14	25	17	18	18	20	21
15	11	12	12	13	14	26	17	18	19	20	22
16	12	12	13	14	15	27	18	19	20	21	23
17	12	13	13	15	16	28	18	19	20	22	23
18	13	13	14	15	17	29	19	20	21	22	24
19	13	14	15	16	17	30	20	20	21	23	25
20	14	15	15	17	18	31	20	21	22	24	25

n	a					n	a				
	0.20	0.10	0.05	0.01	0.001		0.20	0.10	0.05	0.01	0.001
32	21	22	23	24	26	68	40	42	43	46	48
33	21	22	23	25	27	72	42	44	46	48	51
34	22	23	24	25	27	75	45	45	48	50	53
35	22	23	24	25	28	80	47	48	50	52	56
36	23	24	25	27	29	84	49	51	52	55	58
37	23	24	25	27	19	88	51	53	55	57	60
38	24	25	26	28	30	92	53	55	57	59	63
39	24	26	27	28	31	95	56	57	59	62	65
40	25	26	27	29	31	100	57	59	61	64	67
44	27	28	29	31	34	104	60	61	63	66	70
48	29	31	32	34	36	108	62	64	65	68	72
52	32	33	34	36	39	112	64	66	67	71	74
55	34	35	36	39	41	116	66	68	60	73	77
60	36	37	39	41	44	120	68	70	73	75	79
64	38	40	41	43	46						

注：1. 表中的数据根据二项式分布求得，因此是准确的，对于不包括在表中的 n 值，以下述方式得到近似值

$$x = (n+1)/2 + z\sqrt{0.25n}$$

最少正确答案数（x）=大于上式计算结果最近似的整数

其中 z 随以下显著水平不同而不同：$a=0.20$ 时，$z=1.28$；$a=0.10$ 时，$z=1.64$；$a=0.05$ 时，$z=1.96$；$a=0.01$ 时，$z=2.58$；$a=0.001$ 时，$z=3.29$。

2. $n<18$ 时，通常不推荐用成对差别检验。

小提示：

成对比较检验也可用于喜好度测试，但是测试管理人员不应将辨别性检验和喜好度测试安排在同一场测试内进行，会对评价员的回答正确性造成影响。

3.1.5　简单排序法

简单排序法是将一系列被检样品按某种特性或整体印象的顺序进行排列的感官分析方法。本方法适用于评价样品间的差异，如样品某一种或几种感官特性的强度（如香味、厚薄等），或者评价员对样品的整体印象。该方法可用于辨别样品间是否存在差异，但无法确定样品间差异的程度。也可判断三个或更

多样品间某一感官性质是否存在差异，如厚薄、香味的浓度等。

该方法可以应用于以下情况。

① 评价员评估或筛选：包括培训评价员以及测定评价员个人或小组的感官阈值。比如筛选评价员时，可以让评价员对几个产品在厚薄或香味浓度上进行排序，判断她们对产品的敏感度如何。

② 产品评估：在描述性分析或偏爱检验前，对样品进行初步筛选；在描述性分析或偏爱检验时，确定由于原料、加工、包装、贮藏以及被检样品稀释顺序等因素，对产品一个或多个感官指标强度水平的影响；偏爱检验时，确定偏好顺序。

现有多个编有编码的样品，要求评价员按照摆放顺序评价样品并根据某一感官性质强度对样品进行排序。根据不同测试的检验目的，可提前对评价员进行某一性质的培训。但总的来说，排序法相比于其他感官评价方法，评价员需要的培训最少，检验花费的时间也少，所以应用相对广泛。通常情况下，评价员必须对样品进行排序，但某些样品间可以并列。评价不同样品时，应该进行适当的清洁以去除前面产品的影响，比如香味排序时需要用咖啡豆清除鼻腔杂味。排序检验在其他分析中对样品的分类和描述性评价小组培训很有用。

实验设计：排序中样品的数量取决于对评价员的疲劳程度的预估。例如，对香味强度进行排序时，通常使用 4～5 个产品。需要注意平均分配样品的摆放顺序，如每个样品在每个位置出现的次数相同。问卷示例如表 3.15 所示。

表 3.15　偏爱检验问卷示例

评价员姓名：	日期：	样品编号（从左到右）：
提示语:我们为您提供 4 种不同香味浓度的乳液,每个样品标有 3 位数字编码。请按照提供的顺序评价样品,并按照香味浓度增加的顺序摆放样品。请在下方记录您的评价结果。 注意:评价每个样品之前,请用我们为您准备的咖啡豆醒鼻。不允许某两个产品的顺序并列。 　香味浓度　　　　　　样品编号 　　1st＝最淡 　　2nd 　　3rd 　　4th＝最浓		
评论：		
备注：		
感谢您的参与！		

数据分析：通过表格展现每位评价员对样品的排序结果。如果允许等序样品的存在，在分析数据前，需要对数据进行转化，统计有效排序结果。如果评价员对多个样品进行并列排序，则用其秩次和除以并列排序的样品数量。例如，4 个产品的排序为 1，2 和并列第 3（最强），则两个并列产品的排序为（3+4）/2 ＝3.5。分析数据时则输入 1，2，3.5。总计样品排序并统计每个样品的秩次和。

计算 Friedman 统计分析数据值（T）。

如果采用手工分析方法，将 T 值与统计表做对比。表中规定了辨别两个或多个样品间存在显著差异所需的最小数值。结论中必须标明显著水平（通常为 5%）。另外如果用电脑软件计算，不仅提供了 T 值和所要超过的最小临界值，还可通过计算 I 类错误概率判定样品间是否存在显著差异。

如果 Friedman 分析检验显示两个或多个样品间存在显著差异，则用 Fishers 最小显著性差异法（Least Significant Difference Test，LSD）比较在相同显著水平上，哪些样品间有差异。将 LSD 计算的值与秩次和之差进行比较，如果差值大于 LSD 值，则样品显著不同。

结论：通过排序检验，可以得到样品间不存在显著差异，或样品间某一感官特性存在显著差异的结论。不论是否存在差异，都应表明排序的特性和显著水平，如 $a = 0.05$。

案例 3-5

测试背景和目的： 某公司想要对一款保湿霜的光泽度进行改进，需要确定开发的 3 款不同光泽度的保湿霜与现有保湿霜是否存在显著性差异。

测试设计： 共有 15 名评价员参与到 4 个样品（E~H）的排序中。检验结果见表 3.16。

表 3.16　检验结果表

评价员	E	F	G	H
1	1	3	2	4
2	1	2	3	4
3	1	2	4	3
4	2	1	3	4
5	1	3	2	4
6	3	1	2	4
7	1	3	2	4
8	1	3	2	4
9	3	2	1	4
10	1	3	4	2
11	1	2	3	4
12	1	2	3	4
13	1	2	4	3
14	3	1	2	4
15	1	3	2	4
秩次和	22	33	39	56

T 值通过下式计算得到

$$T = \left[\frac{12}{bt(t+1)} \sum_{i=1}^{t} X_i^2 \right] - 3b(t+1)$$

式中，t 为样品数量；b 为评价员数量；X_i 为每个样品的秩次和。

上例中 $T=24.2$，Friedman 检验的临界值为 7.81（$n-1$ 为自由度，$a=0.05$）。计算得到的 T 值超过了临界值（24.2>8），因此需要用 Fisher 的 LSD 法来判定样品是否显著不同。

$$LSD = 1.96\sqrt{bt(t+1)/6} = 1.96\sqrt{50} = 13.9$$

样品间的秩次和相差多于 13.9 时，被视为显著不同，结果如表 3.17 所示。

表 3.17　样品显著性分析结果表

样品	秩次和	显著性[①]
H	56	A
G	39	B
F	33	BC
E	32	C

① 样品间相同的字母表示没有显著差异（$a<0.05$）。

结论：4 种样品间光泽度存在显著差异。样品 H 的光泽度显著高于其他样品；样品 G 和 F 以及样品 F 和 E 之间无显著差异。样品 G 的光泽度显著高于样品 E。

除了 Friedman 检验，也有不少研究员采用 Kramer 检验对排序的结果进行检验。感兴趣的读者可以自行去研究一下。通常的建议是可以根据测试的目的来选择合适的检验方法，Friedman 检验相对比较灵敏，而 Kramer 检验趋于保守。Friedman 检验的临界值表（见表 3.18）列出了 Friedman 检验的临界值。左列为评价员数量，其余各列第一行为样品数量。此表格包括两个显著水平。如果计算"T"值大于等于表格中的数值，则表示在该显著水平下，样品间存在显著差异。

表 3.18　Friedman 检验的临界值表

评价员数量 b	样品（产品）数量 t					
	3	4	5	3	4	5
	$a=0.05$			$a=0.01$		
2		6	8.53			8
3	6	7	8.8		8.2	10.13
4	6.5	7.5	8.96	8	9.3	11
5	6.4	7.8	9.49	8.4	9.96	11.52
6	6.33	7.6	9.49	9	10.2	13.28
7	6	7.62	9.49	8.85	10.37	13.28

评价员数量 b	样品（产品）数量 t					
	3	4	5	3	4	5
	a＝0.05			a＝0.01		
8	6.25	7.65	9.49	9	10.35	13.28
9	6.22	7.81	9.49	8.66	11.34	13.28
10	6.2	7.81	9.49	8.6	11.34	13.28
11	6.54	7.81	9.49	8.9	11.34	13.28
12	6.16	7.81	9.49	8.66	11.34	13.28
13	6	7.81	9.49	8.76	11.34	13.28
14	6.14	7.81	9.49	9	11.34	13.28
15	6.4	7.81	9.49	8.93	11.34	13.28

注：评价员较多时，T 值近乎服从于 X^2 分布，可根据自由度查得临界值。

3.2 描述性检验

描述性检验的操作及结果分析相较于辨别性检验更为复杂，除了需要事先筛选评价员，还要培训考核评价员。风味剖面法、定量描述分析法、频谱分析法和时间-强度法等描述性检验方法在食品行业的应用已经非常成熟，目前化妆品行业内用于评价护肤品的描述性检验方法主要是感官评价小组，该方法集合了定量描述分析法和频谱分析法的优势，其核心是"量化描述"，即采用定量和定性相结合的研究方法。

3.2.1 方法原理

通过小组讨论来建立护肤品评价的属性/指标，经过培训，评价员使用统一的标准和手法针对所有的感官属性作出评价，由此得到精确、客观的数据来勾勒产品的感官剖面图用于不同产品的比较。

3.2.2 感官评价属性建立——专家建议和评价员讨论结果双结合

以消费者理解的语言来定义属性是整个感官评价小组建立过程中最重要的部分。目标是通过几轮讨论，得到客观独立、通俗易懂且意义明确的属性定义。感官评价小组负责人事先仔细筛选出能覆盖所有属性和标尺的标准样品，呈现给评价员作为刺激物，使每个人产生一份属性列表。为了降低评价员试用产品过程的难度，使评价员准确地描述产品属性，负责人可以引导评价员，使其用自己的语言描述出尽可能多的属性。

由负责人综合整理每个评价员提出的属性，带领评价员进行第二轮讨论，排除同义或近义属性，修改带感情色彩、定义不明确的描述语言，最后确定客观的、短期内可以评定的属性。在这个讨论过程中，负责人可提供参照产品，帮助评价员理解一些特殊的属性定义。同时初步产生的属性列表（如表3.19所示）还需要经过业内专业人士（包括配方研发人员及消费者研究人员）的评估，确保该品类产品的重要属性都涵盖在内。如有需要，还可根据每年市场趋势，对属性列表做相应的更新。

表3.19　评价膏霜的感官属性列表示例

产品外观	产品第一次接触	产品涂抹时	产品涂抹后肤感
·质地细腻度 ·产品光泽度 ·质地厚薄程度 ·产品透明度	·蘸起难易程度 ·膏体弹性 ·膏霜软硬程度 ·蘸起后的峰 ·拉丝性 ·小垫子 ·增白程度 ·遮盖能力	·涂抹难易程度 ·产品水感 ·产品油感	·清凉感（即时） ·皮肤光亮程度 ·皮肤光滑程度 ·皮肤粘手程度 ·残留物的量 ·总体吸收程度

3.2.3　评价方案设计——逻辑合理性和实际操作性双考虑

在设计评价方案时，可以从四个方面来考虑：单个属性的评价方法；合适的评价时间点；属性之间评价顺序的逻辑性；变换测试样品所需的缓冲时间。

评价员在评价样品时必须具有统一的手法，因此对取样的方式、样品的用量、涂抹的圈数、评估的手势都有严格的要求。同时，还要结合评价员自己的使用习惯，这样在后期培训时有助于评价员尽快熟悉评价方法。

在评价膏霜时，使用后的肤感是非常重要的感官属性，如图3.2所示。由于产品会随着时间变化而被皮肤吸收，消费者感知到的肤感也会不同，此时按照不同的时间点去评价膏霜是很有必要的。既要保证选取的时间点对于肤感变化有代表性，同时也要保证评价员有充分的时间来感知肤感的变化。行业内通

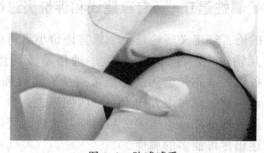

图3.2　肤感感受

常使用的时间点为使用后即时、1min、3min 和 5min，也有企业定为使用后 1min、2min 和 4min，读者可根据实际情况，自行制定。

　　由于不同属性的评价方法不同，如何合理安排属性间的评价顺序，使评价员更方便顺畅地完成评价是感官研究人员必须要考虑的问题。如产品涂抹后的属性应该在产品涂抹时的属性之后评价；又如膏体弹性和膏霜软硬程度需要手指直接接触产品（如图 3.3 所示），可以连在一起评价，中间不应插入拉丝性这个属性，因为评价拉丝性需要使用注射器。

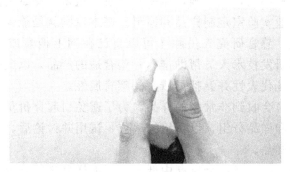

图 3.3　接触感觉

　　有时，企业为了提高测试效能，需要在同一部位使用不同样品，变换测试样品时，则要对测试部位进行清洁，保证不同样品间不会交叉影响。通常，皮肤清洁后达到平衡需要一定的时间，可以从临床研究人员那里得到相应的数据，以此决定变换测试样品所需的缓冲时间。

　　初步制定评价方案后，可以邀请评价员按照方案整个流程操作一遍，此时感官研究人员可在旁观摩，观察是否有需要改进的地方，事后还应和评价员交流其操作感想，询问是否有操作不顺利或不明确的地方，以此来对评价方案作进一步的完善。

3.2.4　标尺设计——适用性和明确性双保证

　　容易理解、便于操作、符合需求、适用于分析是设计标尺时的核心思想。

　　由于最终得到的数据需要进行加减乘除的统计分析，所以我们需要的是数值型的标尺。不同企业会根据测试样品的范围进行选择，如 0～100 分（最小刻度为 1）、0～15 分（最小刻度为 0.5）、0～10 分（最小刻度为 0.1）等。分值范围广，最小刻度精细，有利于评价员区分某些产品间较小的差异，但同时评价员打分一致性的难度也会提高。

　　标尺的两端必须有明确的定义，根据不同的属性类型，需要事先确定适用于单向型标尺还是双向型标尺。如产品透明度（0 分—不透明到 10 分—透明），就是单向型标尺，表示一个属性从弱到强；而质地厚薄程度（0分—厚到10分—薄）则是双向型标尺，表示一个属性到另一个属性。

标尺的有效性和可靠性主要取决于评价员接受培训的程度，对产品的了解程度，打分的技巧，以及是否适合需要描述的属性。因此，在培训中教会评价员如何正确使用标尺是至关重要的。

3.2.5 标准样品选择——原料及产品双应用

在选择标准样品前，先要确认该感官评价小组未来测试的产品品类，然后从市售产品、企业实验室定制样品和原料。基本原则就是能够涵盖每个属性并能覆盖整个标尺。感官研究人员除了可以自己在网上搜索或去实体店试用产品，还可以邀请研发技术人员帮助推荐一些合适的产品，以此保证呈现给评价员的样品具有市场代表性并囊括了所有的感官属性。

最初，评价员会收到非常多的样品，为了避免引起评价员生理和心理的疲劳，可将评价员和样品分组，以小组为单位，试用并讨论后，为每个属性选择有足够区分度的样品。

通常，一个属性的标尺会有高中低三个标准样品来帮助评价员打分，这三个标准样品在该属性上应有明确的区分度。同时，为了降低评价员记忆标准样品的难度，应尽可能减少样品的总数，即能同时应用在多个属性中的标准样品应优先选择。

综上所述，一个评估属性的评价方案需要包含属性的定义、评价方法、合适的标尺以及高中低标准样品。

案例 3-6

以膏霜软硬程度（触觉）为例，它的评价方案如图3.4所示。

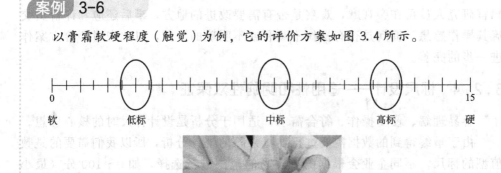

图3.4 膏霜软硬程度属性评价方法

定义：膏霜软硬程度（触觉）为食指按压产品受到的阻力大小。

评价方法：食指45°向下按压产品，在此过程中感觉该产品对食指的阻力大小。食指感受到的阻力越大，表示产品越硬，反之食指感受到的阻力越小，则表示产品越软。

3.2.6 方法特点

尽管建立感官评定小组需要预先投入人力、物力和财力，耗时短则3个月长则半年，但是一旦正式开始运作，一个可靠、高效且低成本的感官评定小组在整个产品生命链上将发挥着极其重要的作用，例如，能够帮助企业提高新产品在消费者测试中的成功率；加速新产品的研发；监控竞品的技术改进；改进工艺；指导原材料替代；强化质量管理和控制；发现新产品独特的感官属性。

当然感官评定小组也不是万能的，在某些情况下并不适用。例如：该套评价方法不适用于测试样品品类；又或者企业想要检验在某几个特定属性上的细微差别，此时辨别性检验会比描述性检验更为敏感。

3.3 情感测试

情感测试又称消费者测试，主要目的是评价当前消费者或潜在消费者对一种产品或一种产品的某个特征的感受，通常跟随在辨别性检验或描述性检验后进行，因为用于情感测试的样品在某些感官属性上应具有可感知的差异。情感测试主要包括两类：偏爱检验和接受程度（喜好）测试。偏爱检验，要求消费者比较两个或两个以上样品，从中挑选出更喜爱的样品或对样品进行评分，比较样品质量的优劣；接受程度（喜好）测试，要求评价员在一个特定标度上评估他们对产品的喜爱程度，并不一定需要与另外的产品进行比较。不同于辨别性检验或描述性检验，情感测试主要是由未经培训的评价员或消费者在家中或中心地点按照她们自己的习惯使用护肤品后，给予她们对测试产品的偏爱或接受度评价。本节会就情感测试中成对偏爱检验、排序偏爱检验和接受程度（喜好）测试进行介绍。更多关于偏爱和接受度的消费者研究方法可以参考市场研究相关资料。

3.3.1 成对偏爱检验

该方法要求消费者或测试评价员从两个测试样品中选出一个偏爱的。优点是简单易行，消费者或测试评价员容易理解和做出判断。缺点是所获得的信息有限，只能给出有无偏爱差异的结论，无法得出偏爱的程度（偏爱差异的大小）。具体的方法可以参见差别检验中的成对比较检验。在实际的操作过程中，很多测试人员也会改进偏爱度的标尺，来获得偏爱的程度。比如将选项改为偏爱 A 很多，偏爱 A 一点，偏爱 B 很多，偏爱 B 一点，无偏好。测试负责人可以根据自己的测试目的选择合适的选项标尺。成对偏爱检验回答表如表 3.20 所示。

表 3.20　成对偏爱检验回答表

测试样品：	样品编号(从左到右)：
评价员姓名：	日期：
提示语： ① 按从左到右的顺序使用注射器(注射器内样品全部用完)，依次在左边脸和右边脸进行评价。 ② 在评价第二个样品前，请用湿纸巾擦拭双手，再用干纸巾擦拭双手，以免不同样品相互干扰。 ③ 在样品组中根据总体喜好程度，选择您更偏爱的样品，并将编号填于下面横线上。 ④ 如果您认为测试样品非常接近，实在辨别不出更偏爱哪个，您也必须在其中选择一个样品，并备注。 ⑤ 因为是半脸测试，不允许重复评价。	
您更偏爱的样品编码是：	
备注：	
感谢您的参与！	

3.3.2　排序偏爱检验

该法是采用排序法进行偏爱测试，由消费者或测试评价员按喜好程度对测试样品进行排序。通过这种方法进行护肤品偏爱排序时，3～5 个产品比较合适，测试样品过多，会使评价员皮肤敏感度和参与积极性下降。

通常排序偏爱检验可以和接受程度（喜好）测试相结合，比如让消费者使用完第一个测试产品后，根据喜好度进行评分，其余测试产品使用后，也同样评分。最后让消费者或评价员对这些产品进行偏好排序。通过不同方法组合，达到相互验证的效果。排序偏爱检验回答表如表 3.21 所示。

表 3.21　排序偏爱检验回答表

测试样品：	样品编号(从左到右)：
评价员姓名：	日期：
提示语： 在过去三周内，您分别使用了三个样品，请仔细回忆使用的感受，根据总体喜好程度对三个样品进行排序。 如果您认为测试样品非常接近，实在辨别不出更偏爱哪个，您也必须进行排序，并备注。	
样品编码(最喜欢到最不喜欢)：	
备注：	
感谢您的参与！	

3.3.3 接受程度（喜好）测试

接受程度（喜好）测试用于评价消费者对产品的总体喜好程度，针对某些属性的接受度及一些相关属性的强度，通过使用数值型的标尺，可得出接受程度（喜好）的差异程度。主要标尺类型有：9 分标尺，7 分标尺和 5 分标尺。针对某类特殊消费者，如儿童，也会使用其他的标尺，如表情标尺，来帮助理解及增加趣味性。目前在护肤品的接受程度（喜好）测试中，最常使用 7 分标尺和 5 分标尺，示例如表 3.22 和表 3.23 所示。

表 3.22　7 分喜好标尺示例

您如何评价对这款产品的喜欢程度？						
非常不喜欢	不喜欢	有点不喜欢	一般	有点喜欢	喜欢	非常喜欢
1	2	3	4	5	6	7

表 3.23　5 分喜好标尺示例

您会如何评价这个产品的厚度？				
太薄	有点薄	正好	有点厚	太厚
1	2	3	4	5

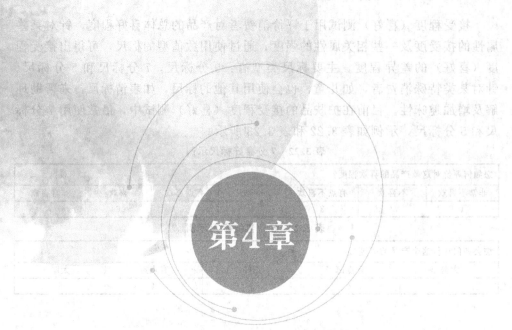

第4章

感官评价实验室

感官评价测试的开展，需要在规范的实验室进行，对实验室的硬件设施和环境等方面有一定的要求。感官评价实验室设施配置与环境控制也直接影响着感官评价测试结果的准确性。

感官评价实验室的设计应该遵循两个基本原则，一是保证感官评价在已知和最小干扰的可控条件下进行；二是减少生理因素和心理因素对评价员判断的影响。

本章中，我们将对实验室的硬件设施、环境要求和实验室日常维护三方面进行阐述和举例，具体的感官评价实验室建立方法可参考 GB/T 13868—2009。

4.1　感官评价实验室组成

感官评价实验室的功能区域主要包括样品准备贮藏区、样品发放区、供个人或小组进行感官评价测试的检验区、讨论区、办公室以及更衣室和盥洗室等。区域设计展示如图 4.1 所示。感官评价实验室最基本的功能配置是满足个人或小组进行感官评价工作条件的检验区与样品准备贮藏区。另外，感官分析实验室应尽量建立在评价员方便到达的地方，选址在周边较为安静的区域以避免噪声干扰。实验室需保持良好的卫生状况，评价员在进入评价间之前需要有一个准备区或等待区域。

感官评价涉及的可评价产品种类众多，如护肤、彩妆、口腔、洗发等。部分种类有特殊的实验室配置需求，如彩妆类感官评价实验室一般需要配置镜子和特殊光线强度的灯源，口腔类感官评价实验室需要配置方便漱口的水盆，护发类感官评价实验室需要配置洗发台等，在感官评价室的前期规划中，可根据公司计划开展的评价产品品类和公司实际情况进行场地规划与设施配置，本章主要阐述最基本的感官评价实验室组成。

（1）样品准备贮藏区

样品准备贮藏区的主要硬件设施有工作台、洗手池、称量用或计量用的电子秤、移液器、标签及分样用的包装瓶、贮柜、收集废物的容器以及其他日常耗材等。工作台用于前期样品的分装准备。贮柜用来对送来的样品以及测试完成的样品进行分类整理摆放以及留样。货架、柜子以及样品都需要进行标注。标注需包含收样日期、测样日期以及负责人等信息。该区域应尽量保持通风阴凉，保证空气流通，有通常的照明、清洁设施以及抽风排气系统等。样品准备区应该邻近检验区，禁止评价员进入，尽量去除原始样品信息以达到盲测的目的，提升测试的准确性。

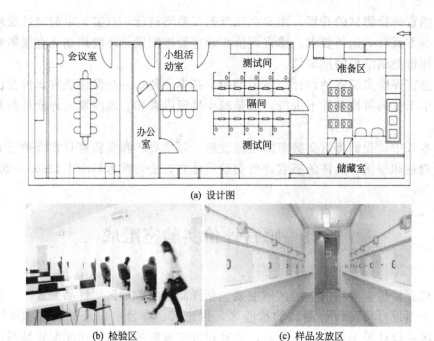

(a) 设计图

(b) 检验区   (c) 样品发放区

图 4.1　区域设计展示

（2）样品发放区

样品发送一般应尽量避免工作人员与评价员直接接触，减少样品发放过程对评价员的情绪造成影响。样品发送区一般与检验区的工作台相邻，方便样品通过传递口发放给评价员。理想情况下，样品发放区应该较为隐蔽，且光线相比检验区的工作台较暗，但灯光颜色应一致。

（3）检验区

检验区最好与样品准备贮藏区相邻，以便于提供样品，两个区域最好有间隔，以减少气味和噪声等干扰。感官评价实验室的检验区，使用的装修材料应清洁环保，不吸附不散发气味，表面光滑。检验区可采用装有活性炭过滤器的换气系统和保持检验区处于正压的方式减少外界气味的侵入，同时减少噪声等干扰。检验区还需避免评价员直接接触到样品，温度与相对湿度应该可控，尽量保持环境舒适。整体装饰应该偏于中性色，避免颜色干扰，比较合适的颜色有乳白色和中性浅灰色。评价间应使用特殊照明，其他房间使用普通照明，并且应保证照明均匀、无影、可调控。另外，该区域应该禁止携带零食、饮料等可能造成气味干扰的东西进入。

检验区最主要的一个配置即工作台（如图 4.2 所示）一般有如下要求：工作台桌面至少宽 0.9m，深 0.6m；隔离板边缘伸出桌面至少 0.5m，高于桌面至少 0.3m，以达到隔开相邻评价员，使评价员专注的目的，隔板也可以从地面一直延伸到天花板，但要保证空气流通清洁；配备洗手池，水温可控；空间允许的情况下配置送样舱；有问卷显示和数据采集系统；无影照明，色温保持在 5000～6000K。

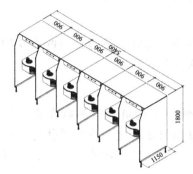

图 4.2　广东工业大学感官评价实验室检验区

中等规模的感官评价实验室通常设有 6～12 个独立评价工作台，大型感官评价实验室一般设有 18～24 个工作台，小型实验室也至少需要 3～5 个工作台。

进行产品或材料颜色评价时，特殊照明尤为重要，可掩蔽样品不必要的、非检验变量的颜色或视觉差异。可使用的照明设施包括：调光器、彩色光源、滤光器、黑光灯、单色光源如钠光灯。配置彩色光源的工作台如图 4.3 所示。

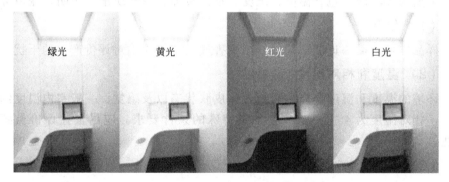

绿光　　黄光　　红光　　白光

图 4.3　配置彩色光源的工作台

（4）讨论区

讨论区主要是评价员之间、评价员与负责人或主持人之间进行沟通讨论的空间，也用于进行初期与日常培训。公司会议室和教室等可以容纳所有评价员进行讨论沟通的舒适空间均可以作为讨论区。另外，最好配置写字板及投影设备，有利于有效地讨论沟通。

（5）办公室

办公室是实验室负责人的主要办公场所，负责人在办公室进行感官评价数据分析与报告制作等工作，同时办公室也可作为负责人与评价员约谈沟通的私密空间。基本的办公设备包括电脑、文具、资料柜和打印机等。

（6）更衣室和盥洗室

更衣室与盥洗室为非必需功能区域，开展评价工作前，进行适当的皮肤清洁可使身体保持舒适的状态，有利于感官评价活动的进行。

（7）评价员休息室

在长时间的评价活动后，评价员休息室可使得评价员的身体状态得到放松，避免高强度评价活动使得感官疲劳造成测试结果不准确。评价员休息室也可以充当等候室，该区域应保持通风阴凉，可适当地布置植物或图片等，以营造休闲轻松的氛围。

4.2　感官评价实验室环境要求

开展感官评价测试需要对环境进行严格的控制，避免环境因素影响测试结果。主要的环境因素包含温度、湿度、室内装饰、空气质量、照明、噪声等。

（1）位置

样品准备区需邻近测试区域，减少香气及产品移动对评价产生的干扰。

（2）温度和相对湿度

环境的温度和湿度会严重影响人体皮肤状态以及感觉，一般室内温度约为22℃，相对湿度为45％～55％，如有特殊的条件要求，应尽量让评价员感到舒适。

（3）照明

评价间照明在控制后需要达到无影并且有足够的亮度，尽量保证房间各处的照明效果相近。评价中所需照明的类型应根据具体评价的类型而定，日常产品评价可配色温在6500K左右的中性照明，色温为5000～5500K的灯具有较高的显色指数。当进行样品的颜色评价时，可配备调光器、彩色光源、滤光器、黑光灯、单色光源等。

（4）室内装饰

室内装饰及背景应该舒适柔和，一般建议为白色、乳白色或者灰色色调，不建议采用会带来视觉干扰的透明或者高反射材料，对墙体及其他的装饰应该选用无异味、便于清洗的材料（地板和椅子可适当使用暗色）。

（5）噪声

评价期间应控制噪声来源，减少人与物体移动等产生的噪声，可采用降噪地板。

（6）安全措施

评价间应设置安全出口标志。

4.3 感官评价实验室维护

（1）环境维护

定期清洁感官评价实验室，保持感官评价实验室整洁干净是最基本的环境维护工作。

由于噪声会引起评价员注意力分散，降低工作效率，检验区的噪声控制一般要求在 40dB 以下。参考日常谈话的噪声分贝为 50～60dB，检验区应禁止安装电话，最好禁止携带手机进入。必要时可采用隔音、吸音、遮音防振等处理，或采用戴耳栓等方法来减少噪声干扰。

检验区内的空气必须是无味的，检验完毕后应清除留在个体试验间的气味，一般用气体交换器和活性炭过滤器来完成，换气量应达到原空气量的 2 倍以上。如果检验区外环境污染严重，有灰尘、烟尘等杂质时，还应附设空气净化器。

（2）设备维护

定期的实验室设备检查、维护与保养是十分必要的，关系到感官评价工作能否顺利开展。通风系统、温度湿度控制系统、水电系统、网络系统、计算机硬件与软件以及日常使用的仪器包括电子天平、移液枪等都需要定期进行检查、维护与保养，设备如有损坏或损耗要及时报修，并提前制定一套应急与解决方案。

第5章

感官评价员选拔与培训

感官评价员如同"测量仪器"，在感官评价过程中扮演着重要的角色，感官评价员的表现直接影响最终结果。因此投入一定的时间，进行合理的选拔与系统的培训尤为关键。按专业水平分类，感官分析一般有三类评价员：评价员、优选评价员和专家评价员。评价员可以是尚未满足判断准则的准评价员和已经参与过感官评价的评价员；优选评价员是经过选拔并受过培训的评价员；专家评价员是已在评价小组的工作中表现出突出的敏锐性并拥有良好长期记忆的评价员，或者是运用特定领域专业知识的专业性评价员。

评价员应该是符合参与测试要求的人员，这方面的需求如果被忽略，常常会对测试结果产生严重的影响，并进一步影响基于这些测试结果所做的决策，同时，使用不符合要求的评价员也会对评价过程的可信性造成显著影响。一般情况下，参加感官评价的评价员必须经过科学的招募、筛选、培训和考核，也要对他们的表现进行积极和有建设性的监控及反馈。

本章我们通过一些辅助案例来介绍感官评价员的选拔与培训流程（见图5.1），包括感官评价员的招募、选拔、培训、考核，以及感官评价员的监控、激励及能力提升。

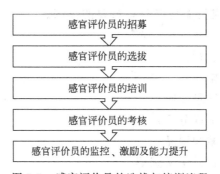

图 5.1　感官评价员的选拔与培训流程

5.1　感官评价员的招募

5.1.1　感官评价小组组建

组建感官评价小组的第一步应该是组建评价核心小组，典型的核心小组一般包括专业的管理人员、评价专家、分析师和专职文员。不同规模的企业核心小组的组成可能不同，一般情况下核心小组组成至少需要管理人员、评价专家和分析师，过小的规模可能会限制感官评价测试的开展。如前所述，感官评价是一门涉及多个学科、多个领域的科学技术，对于缺乏感官评价经验或者短期内没有接触过感官评价的公司来说，找到一个符合要求的评价专家是非常重要的。建议初次组建感官评价体系的企业邀请一些具有专业背景的人员加入感官评价核心小组，如具有产品开发经验的工程师、市场调研专员、培训专员等。

感官评价管理人员需要履行如下职责，具体包括：

① 整个团队或者小组的组织和行政工作；

② 测试工作计划制定；

③ 评估评价测试请求的可行性；

④ 确定测试流程、实验设计和数据分析方法；

⑤ 督导测试；

⑥ 审核测试结果与报告导出；

⑦ 提供测试的必需用品和后勤服务；

⑧ 新技术开发；

⑨ 保持和感官评价测试相关部门的沟通联系。

感官评价管理人员不仅需要掌握专业知识，还需要具备较强的管理与沟通协调能力。既掌握感官评价知识又具备丰富管理经验的感官评价管理员，对感官评价小组的发展和成员能力提升有重要的作用。

分析师的职责：

① 测试的准备和执行；

② 测试人员的编排；

③ 接待、收集和记录反馈；

④ 数据的输入和常规分析；

⑤ 记录、维护器械和用品；

⑥ 学习相关技术和科学文献等。

分析师是在日常测试中最直接最频繁接触到测试人员并且观察测试人员测试前、测试中和测试结束后各种反应的人，能够最直接、最及时地发现评价员存在的问题，指出并寻找解决途径。此外，分析师还负责评定分析准备和测试产品的前处理，能够在测试前及时发现某些问题，所以，分析师的职位相当重要，应当是固定且不可忽视的。

除了专业人员，有条件的评价小组还可以招聘一些文员，负责文书和数据处理方面的辅助工作。每次测试都会有大量的带图片、表格的报告和记录产生，需要进行处理、归类和存档，感官评价管理人员不仅需要掌握专业知识还需要具备较强的管理与沟通协调能力。

在具有大规模生产线的公司中，感官评价小组规模会相应增大，可能含有多个评价专家及相应数量的分析师；而刚开始执行感官评价测试的公司可能组建只有2~3人的超小型评价小组，一个管理人员和一个评价专家，小规模限制了其应有作用的发挥，如每周能进行的测试有限，完成测试的能力不足。没有人能提供一个在所有情形下都适用于运作评价团队的最佳人员数目和类型组合，这些都是需要公司根据自身情况进行调整的，很多情况下，一些公司还会把大部分的评价测试交给外部感官评价服务机构完成。

企业内部在不同时期寻求感官评价的途径也有所不同，一些企业在产品初评阶段多采用内部评价小组，进行简单的描述性或差异性评价，而在小试及中试阶段时，则多会交给外部专业评价服务平台进行评价测试。主要的原因是内部评价小组存在评价员时间较难统一、干扰因素较多等问题，而外部评价服务平台更为专业。

相比于企业内部组建的感官评价小组，专业感官评价服务机构有着专业的感官评价核心团队、足够大的评价员储备库、系统的感官评价管理规程以及专业的感官评价员培训手段。专业感官评价服务机构的评价员往往是在当地外部招聘而来，相比于公司内部职员，培训和测试时间都会更稳定、更充足。这些服务机构大都会有一套成熟的专业的感官评价体系，评价员都要经过严格的培训及筛选，评价结果也更为可靠。

目前，国内已有数家感官评价服务机构，如广东工业大学感官评价实验室、佛山市康侃爱伦生物技术有限公司感官评价实验室、上海灏图企业管理咨询有限公司感官评价实验室等，可为一些化妆品企业提供评价测试，以及为一些有意组建专业的、完善的感官评价小组的企业提供专业的顾问服务，协助企业搭建感官评价专业体系，进行核心小组人员培训以及评价员培训等工作。

5.1.2 评价员的招募

招募是建立优选评价员小组的重要基础工作，有多种不同的招募方法和标准，也有各种测试来筛选候选人是否适应将来的培训，从候选人中选择最适合培训的人员作为优选评价员。企业组建感官评价小组时常用的招募方式有对内招募和对外招募。

（1）对内招募

对内招募主要指企业招募内部职员成为评价员，候选人可以从办公室、工厂或者实验室职员中招募，但建议避免那些与被测样品密切相关的人员，以免造成测试结果偏离。招募内部职员参与感官评价测试时，应仔细策划从而吸引职员自愿参与测试并保持他们参与测试的积极性。内部职员参与测试应以自愿报名为原则，勿让内部职员产生压力。此外，应该根据个人技能专项测试的结果而不是对测试设施的熟悉程度来决定评价员，应该设定一个正确的筛选程序，这样才能更好地提升敏锐度的整体水平。

感官评定的技能是因人而异的，筛选只能保证大部分评价员的初始水平和敏锐度相对一致，大部分评价员不了解自己的触觉、嗅觉和感觉等方面的能力，需要得到一定的培训和引导。不能存在所有人都能通过全部测试的想法，评价员的表现会受到很多非测试和产品因素的影响。要谨记所有评价员的信息都应该是保密的，测试的参与应以自愿为前提，评价员的安全应该凌驾于一切之上。理想情况下，一个评价员一周能参与的测试次数应该不多于 4 次，建议一天只进行一次测试，在连续工作 4 周后应该休息 1～2 周的时间。

案例 5-1

　　某公司由于生产研发需要，想在公司内部组建感官评价团队。企业确定感官评价需求后，首先对外招聘了一名在业内企业工作多年、有资深感官评价经验的人员作为评价小组的评价专家，随后从公司管理领域抽调了一名有管理经验的管理人员作为管理者。

　　管理者与评价专家沟通后制定了一个计划，说明招募和挑选测试人员的重要性以及计划如何落实。计划写明了需要多少雇员成为志愿者，参与测试对雇员本身以及工作会造成什么影响，雇员参加测试会获得的好处以及自愿参加的雇员数量不足会造成的影响等问题。在与管理层沟通并达成共识后，对企业全体职员发布招募信息，招募信息包括了感官测试工作要求、测试内容、可能造成的影响以及福利等内容，招募公司内部时间允许的职员参与。发布后收到了公司内 130 名职员的报名，经过简单问卷筛选，去除了身体健康情况不达标、对部分化妆品原料敏感的人员，剩余100 名合格人员，参与培训课程。

（2）对外招募

　　如前面所提到的，在一些公司里，感官评价测试不仅仅由公司内部职员来完成，其原因可能是公司人数偏少不足以完成测试，也可能是工作安排或工作执行标准不允许，因此需要在公司所在地招募一些临时雇员作为评价员，这种招募一般可以采用对外招募的形式来完成。对外招募的形式比较多样，常见的有线上广告和线下广告。线上广告包括公众号推送、兼职招聘网站发布招聘信息或邮寄信件，线下广告包括公众场合张贴海报、人工派发传单等，这些招募方式可以单独使用也可以组合使用。广告是获得较大目标群体的有效方式，适用于招募各种类型的评价员。

　　广告内容应清晰明确，且带有宣传效果。广告内容应该符合当地劳动法，包括所需评价员的详细要求、工作内容、工作时间、报酬标准以及报名方法，以方便感兴趣的人报名。同时也要注意广告可能会引发的一些问题，例如广告登载的详细联系方式可能占线忙碌，应征者报名信息繁多需要专人处理。有些公司会在广告上附带信息填写链接或二维码，线上收集应征者信息，这样可以大大减轻信息处理工作。

某公司想建立一个稳定的、受过专业培训的评价小组，用定量描述分析的方法检验改良配方产品与原配方的肤感、外观差异。由于该企业内部员工没有足够的时间参与培训、测试，于是决定从外部招募成员组建专业培训评价小组。

该企业在当地多家兼职网站上发布了兼职信息，在信息中详细描述了人员要求、职位特性、工作内容、福利报酬等信息，两周后发现收到的回应达不到预期目标，便安排人员在附近公共场所派发传单，最后收到了100份回应。然后分别给这100个人寄送调查问卷，经过调查问卷的筛选，去除了身体健康情况不达标、参与时间不符合要求、对部分化妆品原料敏感的人后，剩余60名合格人员，通知参与面试选拔，总共历时3周。

（3）对内招募和对外招募的优缺点

无论是对内招募还是对外招募，都存在着优缺点（见表5.1）。内部职员招募更适用于简单的差别检验，而对外招募则更适用于招募各种类型的评价员。有时候出于测试方式和目的考虑，会同时采用对内和对外招募方式，组成混合评价小组。

表 5.1　不同招募方式的优缺点及适用情况

招募方式	优点	缺点
对内招募	成本较低 稳定 对公司机密保守度高 对测试积极性高	对产品了解多，带有主观偏见 会因测试影响本职工作而降低积极性 时间安排会受正职工作安排影响
对外招募	目标群体较大 宣传面广 可选择性较高 人员选拔更容易	人员阶层参差不齐 成本较高 经过选拔培训后，评价员可能随时退出

小提示：

无论选择哪种招募方式，公司都需要从测试类型、成本控制等角度出发考虑，注意各种方法的优缺点，考虑其局限性及可能引起后果，再从中选择最适宜的招募方式。

5.2 感官评价员的选拔

选拔的主要目的是判断评价员是否符合根据测试目的设置的基本条件。

一般情况下，所有招募而来的应征者，无论是通过何种方法招募到的，都必须经过选拔程序才能确定为最终的评价员，但部分情况下也会有不经过选拔直接进行课程培训的情况。经选拔的评价员的优点是时间稳定可控、感知敏锐度较高，缺点是选拔需要投入较多的时间、精力；不经选拔的评价员的优点是前期花费的时间和投入的精力较少，缺点是人员时间不可控，感知敏锐度存在差异，波动较大，需投入较多精力培训。

5.2.1 评价员候选人的一般要求

企业在选拔之前必须根据测试目的设置评价员筛选条件，包括身体健康状态、感知敏锐度、其他条件等。

（1）身体健康状态

评价员必须具备健康的身体状态，如有既往过敏史、季节性鼻炎、敏感性肌肤等生理或健康状态，建议不予录用或登记备案。

（2）感知敏锐度

评价员感知敏锐度方面的要求如下：

① 具备感知刺激的能力，能感知并记下某一感官特性的强度；

② 具备辨别刺激的能力，相同属性在不同样品中的属性强度不同，评价员应当能辨别样品的属性强度差异；

③ 具备良好的记忆能力以及对产品的描述能力。

（3）其他条件

适合培训的候选人一般应具备以下条件：

① 团队合作意识；

② 积极的态度，对进一步提高感官技能感兴趣；

③ 良好的倾听及沟通能力；

④ 有充裕的时间参与培训及测试，能定期参加实践。

5.2.2 评价员的选拔

评价员的选拔一般包括知情同意、背景调查、健康史调查、辨别能力测试、描述能力测试、动机和风格测试等。公司在同等条件下可根据实际需求筛选评价员，高校评价实验室可优先选择低年级女生，态度端正、兴趣浓厚者或家庭贫困的学生，更有利于评价员群体的稳定性。

评价员选拔的实际操作流程如下。

（1）知情同意

在评价员选拔前期应该组织与评价员的面谈，告知评价员项目的性质与过程、产品的特点、可能的不良反应、受损的补偿、评价员的权利、评价员以前使用产品的经验。最终与评价员签订知情同意协议，一式两份。

（2）问卷调查

为了选拔出符合评价要求的评价员候选人，需要设置问卷（见表5.2）调查，问卷应包括：背景调查（例如姓名、性别、年龄、身份等）、健康史调查、是否有充裕时间参加培训及测试等，根据实际要求筛选合适人选。

表 5.2　感官评价员筛选问卷调查表

感官评价员筛选问卷调查表
请您务必认真如实填写以下信息,我们承诺不会泄露您的隐私。如果您通过了问卷审核,工作人员会及时联系您参加技能培训。
1. 您的姓名[填空题][必答题]
_____
2. 您的性别[单选题][必答题]
○ 男　○ 女
3. 请填写您的出生日期[填空题][必答题]
_____
4. 请填写您的手机号码[填空题][必答题]
_____
5. 请填写您的家庭月收入[填空题][必答题]
_____
6. 请填写您的个人月收入[填空题][必答题]
_____
7. 请填写您常用的 E-mail[填空题]
_____
8. 目前您每星期有几天空闲时间[单选题][必答题]
○1 ○2 ○3 ○4 ○5 ○6 ○7
9. 您这样的空闲时间状态可以保持多久　[单选题][必答题]
○一年以下　○一年　○一年半　○二年
10. 您目前的婚姻状况[单选题][必答题]
○未婚　○已婚无小孩　○已婚有小孩
11. 两年之内是否有怀孕计划[单选题][必答题]
○有　○没有
12. 您的身体总体健康情况[单选题][必答题]
○非常好　○很好　○好　○一般　○差
13. 您目前或过去曾得过以下皮肤病吗(无皮肤病史选"无")[多选题][必答题]
□湿疹　□牛皮癣　□脂溢性皮炎　□皮炎

□其他皮肤病＿＿＿＿＿＿＿＿＿＿ □无

14. 您对以下哪些东西容易过敏或比较敏感[多选题][必答题]

□无 □外用药物 □海鲜 □香皂 □彩妆 □防晒品 □护肤露/霜 □香水 □洗面奶 □洗发水
□沐浴露 □美白类产品 □面膜 □其他＿＿＿＿＿＿＿＿＿＿

15. 您平时是否兼职[单选题][必答题]

○是 ○否

16. 我们现在需要一些满足特定要求的人群,下面我们会列出一些关于身体状况、饮食习惯、生活习惯等的描述,请根据实际情况填写[矩阵单选题][必答题]

	是	否
您是否有慢性疾病?	○	○
您最近是否感冒或有其他不适的感觉?	○	○
您是否经常参加体育运动?	○	○
您现在是否在服用药物?	○	○
您平时是否对某些食物过敏?	○	○
您平时是否对橡胶、花粉、护肤品过敏?	○	○
您是否是过敏性肌肤?	○	○
您是否有服用保健品的习惯?	○	○

17. 在符合我们筛选条件的前提下,您愿意接受以下产品测试类型吗?[必答题]

	愿意	不愿意
护肤品(抹于手臂)	○	○
沐浴露(洗手臂)	○	○
洗面奶(洗脸)	○	○

（3）再筛选

在收集并处理调查问卷后,应该在最短的时间内安排第二部分的定位和筛选测试,否则志愿者参与的积极性会发生大幅度下降。第二部分筛选是参加一系列的选择感官测试,使用的感官评价测试筛选表（见表5.3）包括辨别能力测试、描述能力测试、动机和风格测试等。这个系列的测试应该是描述性的,这些测试对于选择符合分析测试要求的评价员来说至关重要,因为分析测试的方法要求一定数量的评价员组成均匀的测试人群,这里的均匀是对于测试人员的评价技能而言的。

其中,辨别能力测试主要包括色觉、触觉、嗅觉等方面。色觉测试一般可以采用色盲辨识卡,测试志愿者的色彩辨别能力;触觉可以通过设置三条相同材质的毛巾,经过水洗、酒精洗涤处理和洗衣粉洗涤处理等不同的处理方式,造成柔顺度差异，由志愿者进行辨别；嗅觉测试则可以提供3个香水样品，让志愿者辨别出哪个样品与其他两个不同。辨别能力测试一般可选用排序或者差异辨别的小测试。

描述能力测试一般可以选择几个与感官评价相关的词汇，如柔滑、粘手度等，志愿者自由组织语言，用合理、清楚的语言进行定义描述，并记录在筛选表上，根据对词汇描述的准确度，评判描述能力。

表5.3 感官评价测试筛选表

姓名		性别		近期1寸免冠正面半身彩色照片
学院		年级		
既往病史				
家庭史				
色觉			鉴定意见：签名：	
触觉	A：面布柔顺度按好到差排序（　　）<（　　）<（　　）		鉴定意见：签名：	
	B：膏霜软硬程度按高到低排序（　　）<（　　）<（　　）		鉴定意见：签名：	
嗅觉	A：哪种与其他两种不一样？（　　）		鉴定意见：签名：	
	B：哪种与其他两种不一样？（　　）		鉴定意见：签名：	
记忆力			鉴定意见：签名：	
描述能力			鉴定意见：签名：	
筛选结果	结果：说明：　负责人签名：			日期：
主管意见	签名：			日期：

5.3 感官评价员的培训

感官评价员测试前一般需要进行评价能力培训，培训的目的之一是通过培训来优化评价员的专业知识结构，挖掘其感官评价的潜力，评价员应该具备一定的嗅觉和触觉生理学知识。培训课程有长期培训和短期培训，在某些情况下，评价员也能在不经引导培训的情况下完成评价测试。

5.3.1 长期培训

培训课程的深入程度是由测试方法和测试目的决定的，参加描述性测试的评价员一般都要经过长期评价能力培训。培训必须是对评价员候选人的评价能力有所提升的，这就对培训师及培训内容设置有所要求。

（1）培训师

培训师作为培训活动的领导者，一般要求具备以下能力：

① 具备科学客观的培训方法及能力；

② 善于倾听评价员的意见，具备协调不同个性评价员及处理评价员意见的能力；

③ 没有主观偏见并具有辨别及防止主观偏见的能力；

④ 能够调动团队人员的积极性。

（2）培训内容

感官评价培训主要是针对感官记忆、感官描述词词义及尺度、描述词词库、评价条件的培训。对于感官记忆应该根据评价员的专业性进行针对性培训，专业评价员需要培养长期的感官记忆。培训内容一般包括：感官属性的确定、评价完整操作流程的确定、学习并记忆各属性操作方法、提高测试熟练度及敏感度。建立描述语言需要 7～10 小时（可以不连贯，但要在限定时间内完成，最好在 1～2 天内完成），随后进行培训，学习已有的描述语言，也需要 7小时以上。

案例 5-3

某企业通过招募、选拔了20名评价员，评价员需经过长期课程培训，获得用定量描述分析方法检验改良配方产品与原配方产品的肤感、外观差异的能力。

第1周：评价员安排集训，接受常规培训，内容包括以下几点。

① 简述感官评价的角色与作用、开展感官评价的具体要求；

② 简单介绍感官评价测试方法，包括描述性测试、辨别性测试及其他测试方法等；

③ 学习取样方法并对不同质地护肤品的感官评价主要属性进行小组讨论；

④ 确定护肤品感官评价主要属性并进行定义、标度、手法讨论；

⑤ 形成规范的感官评价词汇描述表（如表5.4所示）。

表 5.4　感官评价词汇描述表（部分）

属性列表	定义	评价方法
细腻度（不细腻-细腻）	产品表面的颗粒、小气泡明显程度	右手托起装有 10g 产品的分装盒,左手握住实验药勺,产品与眼睛距离约 15cm,在白炽灯下用实验药勺轻推产品表面 2～3 次,观察产品表面颗粒或气泡的大小和数量
透明度（不透明-透明）	产品的透光度	用 1mL 注射器打 0.1mL 样品于表面皿中央区域,用擦净后的实验药勺轻推开产品至面积约为 1 元硬币大小,手指握住表面皿边缘,凹面朝上,于集中灯源下观察样品透光程度,评价样品透明度
软硬程度（软-硬）	手指按压产品时受到阻力的大小	食指伸入分装盒中,向下按压至 1/2 深度后还原(食指不离开膏体,始终保持触碰),重复 3 次,感受按压所需力度的大小
涂抹难易程度（难-易）	铺开相同面积产品时所用推动力的大小	用 1mL 注射器打 0.05mL 样品于手臂内侧划定测试区域,用食指均匀涂抹 10 圈,感觉推开产品所需力度的大小
粘手度（不粘手-粘手）	涂抹产品后手指离开手臂皮肤所用力的大小	食指指腹倒推涂抹区,感觉在涂抹产品的皮肤表面产品的剩余量为多少

第 2～4 周：评价员接受专项培训，包括产品外观的相关属性、产品第一次接触时的属性、产品涂抹经时后的属性。

首先评价员接受护肤品感官评价属性的培训，评价员将接触到市场上代表护肤品质地、肤感极端属性的一系列护肤产品，并对产品指定属性进行描述。

紧接着评价员接受对每个属性的强度评分训练。培训师从样品库中针对不同属性不同标度选择代表样品，用以说明打分标准。评价员对每一个属性进行所选标度的培训，通过对不同的样品进行打分，学习属性的打分方法，并公布样品标准打分，校正评价员打分结果。第一次完整测试时应尽可能慢地进行，规范统一所有评价员的操作。

第 5～6 周：在所有评价员都完成了属性专项培训后，评价员开始接受评价测试完整流程的学习，每个评价员单独进行 2 个样品、4 个样品的模拟感官评价测试，并与小组其他成员进行评分结果分享，与标准分进行比较，校正评价员的评分结果。

5.3.2 短期培训

当企业进行感官评价测试的目的只是为了对内部产品进行简单的差别检验时，对于评价员的评价能力要求较低，评价员只需进行短期培训，对产品有一定程度的了解即可。一般采用成对比较、三点检验等简单方法进行测试。

短期培训耗时较短，一般设置2～3轮常规培训，培训内容包括：

① 培训感官评价测试属性定义、测试手法；

② 明确指导评价员测试部位区域、操作流程顺序；

③ 安排模拟测试（2～3个样品）。

5.3.3 不经引导培训

在某些情况下，评价员可以在不经引导培训的情况下完成评价测试，例如喜好度测试。喜好度测试一般是通过比较两个或多个产品直接测出偏好程度，即在两个或多个产品中选出哪个是比较受欢迎的。喜好度测试的培训仅需要对测试方法进行讲解，不需要对评价员进行专业培训。

5.4 感官评价员的考核

在感官评价测试开始前，对感官评价员的准确度和可信度表现进行考核是十分必要的，在时间和预算允许的条件下必须进行。测试前对评价员进行考核，有利于及时发现评价员存在的问题并及时纠正，避免以后在测试过程中出现问题。

5.4.1 考核设计

清晰的考核目的在一定程度上决定了考核设计。考核的目的应能清晰地回答"我们为什么要进行本次考核？"，并且能确保本次考核可以有效地考验评价员的评价水平，发现存在的问题。

考核包含的内容并不单一，可以有多种多样的形式。比如当考核的目地是筛选出参加评价测试意愿性较强的评价员时，可参考评价员培训出勤记录以及培训记录表，筛选出在本职工作和感官评价工作之间协调较好，积极参与评价工作，培训期间记录认真，学习态度积极的评价员。当考核的目的是考核评价员的重复性表现，验证评价员在重复的感官测试中评价数据的稳定性时，那么考核设计可以考虑设置三组样品供评价员进行评价测试，其中样品 A 与样品 C 为相同产品，但编号不同，样品 B 为不同产品（如图 5.2 所示），既可考察评价员对于产品的区分度，又可以考察评价员的评价数据的稳定性。

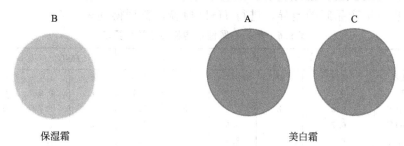

图 5.2　考核样品设置

5.4.2　考核结果分析

数据分析是考核结果最直观的表现方式，通常使用数据软件处理考核数据。

15 名评价员参加考核部分原始数据如表 5.5 所示。

表 5.5　产品各属性打分数据

姓名	样品编号	涂抹难易	水感	粘手度	残留物的量	总体吸收度
张三	A	8	6	6	6	10
张三	B	10.5	6	6	5	11
张三	C	9	5.5	9	5	11.5
李四	A	8.5	7	7	7	10
李四	B	9.5	7	7	6.5	9.5
李四	C	10	7.5	5.5	7	11
赵五	A	6	4	6	7.5	7.5
赵五	B	7.5	3.5	8.5	7.5	8
赵五	C	5	3	4.5	8.5	8.5
……						
……						
……						
……						
孙二	A	8	5	7.5	7	10
孙二	B	8	7	4	7	9
孙二	C	6.5	8	5.5	7	7.5
吴七	A	7	5	7.5	6.5	5.5
吴七	B	8	6	5	6.5	5
吴七	C	6	5	7.5	7	4.5

根据原始数据，求得各属性平均值，再进行多产品间方差分析求得 p 值，为进一步分析产品间的差异，进行 HSD 检验，整理得到表 5.6。

表 5.6 产品各属性平均值显著性差异表

	A		B		C		HSD		p
涂抹难易	8.8	ab	8.2	b	9.6	a	1.7		0.0101
水感	5.7	a	5.2	a	5.7	a	0.9		0.1135
皮肤粘手度	6.0	b	5.8	b	7.4	a	1.7		0.0042
残留物的量	6.7	a	6.6	a	7.5	a	1.7		0.0994
总体吸收度	8.4	ab	8.9	a	7.5	b	1.6		0.0145

产品间各属性的差异通过比较同属性配方样品间平均值的差值，以 HSD 值进行分类，以最大值为 a 类，与最大值相比平均值相差大于 HSD 值为有显著性差异，为 b 类，反之仍为 a 类，同理进行比较，并标注，直观地对照同一属性产品间的差异，字母不一致为有差异，反之为无。

数据分析结果用于以下方面分析：

① 评价小组是否进行了有效的培训，他们的标度使用、属性评分方式是否一致；

② 评价小组是否能正确区分护肤样品的感官评价属性；

③ 评价小组考核数据的准确度、可信度和重复性。

5.5 感官评价员的监控、激励及能力提升

5.5.1 监控

对评价员的监控贯穿着整个项目过程，这里的监控主要为对评价员评价能力的监控，一般方法有建立产品测试数据库，对评价员评价数据稳定性进行追踪。这种监控有利于公司实时了解评价员的评价能力，把控评价小组的评价水平。评价员的技能维护和能力的保持对于保证感官评价结果的客观性与真实性至关重要。评价员的评价技能如果不够熟练，会使打分结果出现偏差，直接影响感官评价数据的准确性。所以，定期地对评价员的表现进行数据化分析与核查，对于评价员表现不佳的情况及时作出反应，并进行培训调整，有利于评价员感官评价能力的维持与提升。

感官评价员能力的监控，可通过在日常测试中，将单一评价员的打分数据与小组其余成员的打分数据、小组的打分平均值数据进行对比，分析评价员的表现。以打分值为纵坐标，每个产品组为对应横坐标，直观地查看评价员的打

分情况。若评价员各个属性的打分表现均很不稳定，偏差较大，需考虑剔除其数据并对其进行重新培训，考核合格后，再重新进行评价。

案例 5-4

在某次感官评价测试中，14个评价员对三个喷雾进行描述性测试，对于总体吸收度的打分情况进行分析（如图5.3所示），可以明显看出113评价员对于喷雾3的打分偏差较大，且该属性各个产品打分均是所有评价员中最低的，所以需进一步对此评价员的其他属性的打分情况进行考察，进一步判断是否剔除其此次评价的数据，并对其进行感觉的重新校正。

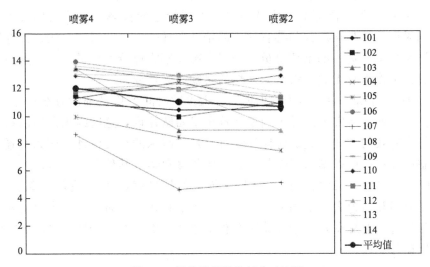

图5.3　评价员某属性打分对比图

另外，定期进行重复性测试，考核个人、小组整体对感官评价属性感觉的描述性、重复性、一致性，并及时将数据呈现给评价员，也是评价员进行能力维护与提升的一个重要环节。

5.5.2　激励

对评价小组进行适当的激励有利于保持或提升评价员评价数据的质量，得到一定的报酬可能是评价员参与感官评价的主要原因，同时也激励着评价员高质量地完成测试。正如测试的其他部分一样，对于如何激励其他评价员也有一些方法：

① 需要鼓励的是评价员参与的积极性而不是他们提供了可靠的分数；

② 对于公司内部职员，不要用金钱作为鼓励形式；

③ 要把评价员作为正式员工看待，考虑评价员的感受；

④ 要给评价员休息的时间，连续工作后必须有 1～2 天或者更长的休息时间；

⑤ 管理层应当认可感官评价程序对于公司做出的贡献；

⑥ 应当在一些节假日准备一间对所有测试人员开放的感官评价展示间，以此来讲解感官评价方面的知识以及展示一些感官评价以往的成就，并邀请一些管理层参与活动；

⑦ 感官评价专家应表现出友善且专业的工作态度，对于评价结果，不能以"正确"或者"错误"来评论。

常采用的几种激励措施有报酬、团体活动、个人关系等。

① 报酬　外部招募的评价员一般会得到相应的报酬，报酬的形式各不相同。如果评价员是长期参与感官评价的培训型评价员，一般应事先协商好固定的培训及测试工资；如果评价员是公司内部无感官评价经验的职工，参与评价与其日常工作本身无关，那么象征性的奖励尤为重要。

② 团体活动　除了团体培训期间，大多数时间评价员都没有在一起工作，缺乏交流沟通，事实上这并不利于评价小组团队建设，这时组织团体活动就是一种行之有效的方式。组织团体活动可以是纯娱乐的社交活动，例如晚餐、聚会、旅游等；也可以是与工作相关的，例如参观学习其他感官平台。

③ 个人关系　团队负责人应与评价员保持良好的个人关系，简单地说，就是花时间和精力去了解和关心评价员，包括和评价员讨论评价小组的发展情况。与评价员保持良好的个人关系有利于感官评价工作的开展，也能更方便地获得反馈与建议。

5.5.3　能力提升

经过一系列的培训，评价员的评价能力应当持续稳步地提升，在评价化妆品的过程中能够正确完成各个阶段的评价，准确表达自己的感觉，得到全面的结论。能力提升的最终目的是完成优选评价员到专家评价员的过渡，提升的方法有多种形式，包括评价小组内部的持续性培训、针对性训练，以及与外部的沟通交流，如参观学习其他感官平台、聘请感官专家培训等。

第6章

感官评价样品测试

实际进行感官评价测试操作时，肯定会有很多需要注意的问题。在感官评价实验室中更好地运用感官评价的方法进行测试需要不断地练习。当然，有个规范的测试流程也可以事半功倍。

本章中，我们依据测试的流程辅助实例来介绍感官评价样品测试实际操作，包括测试申请及确认、样品准备、问卷设计、样品测试的执行、测试报告。

6.1　测试申请及确认

测试申请是测试的第一步，通常由测试申请者根据项目需求和目标提交申请。申请表中应该涵盖以下信息：测试背景、测试目的、测试产品信息、期望的测试时间等。有时测试的预算也会影响到测试方法的选择。各公司可以根据自身的要求，定制合适的申请表，简化和标准化测试申请这一过程。

测试申请表的填写，不仅仅是申请人的责任。测试负责人需要主动跟申请人沟通，更好地了解测试需求、项目背景、产品特性。这对于后面测试的设计、执行、数据分析、报告撰写都非常重要。申请表样例如表 6.1 所示。

表 6.1　申请表样例

感官评价测试申请表		
申请人	申请日期	
申请人联系方式	申请部门	
项目名称		
项目背景介绍： ① 请简单描述项目的背景； ② 测试目的； ③ 测试产品以前的测试结果(包括技术测试、消费者测试、感官评价小组测试)； ④ 项目打算如何应用本次测试的结果。		
测试目的： 请描述想要从本次测试中得到什么信息。		
测试产品： 列出测试需要的量(例如：单次霜类测试需要 150mL 产品)。		
产品名称	配方号#	配方类型
测试产品之间的区别： 请描述各测试产品在配方上存在的差别。		

期望的测试时间： ① 请注明期望的测试时间； ② 请注明测试部门收到产品的时间,因为这会影响测试时间。对于跨地区的测试,需要考虑液体快递的时间,最好等收到产品后再安排具体的测试时间。
产品安全评估： 请评估产品能否安全用于感官评价小组测试。
其他备注：

6.1.1 测试项目背景

想围绕项目背景展开清晰的对话，测试申请人和负责人应该考虑询问以下问题。

① 这个项目的对象是什么？是一个新产品还是一个产品线的延伸，或是产品的升级换代？产品的成本如何控制？产品涉及哪些国家（针对一些跨国品牌）？

② 你想要测试哪些产品？这些产品之间的差异是什么？这些已知的差异可能会在产品的哪些属性上体现？

③ 这个项目过去有没有做过相关的测试？测试结果是什么？

④ 对于这次申请的测试有没有什么特殊的要求？

只有与项目紧紧相关的测试才值得花精力和资源做，因此了解项目背景至关重要。测试人员积极融入项目的方式之一就是通过测试申请表。外部测试第三方也不要将自己局限在测试方，尽可能多地了解项目的背景和目标，对于测试设计，数据解读和建议给予都大有裨益。

另外相关信息的收集对于测试结果应用最大化有很大的作用，比如相关测试与本次测试的综合解读，可能会有新的观点出现；又如将同一产品的消费者测试数据与感官评价小组数据进行比较对于感官评价小组的校正及再提高很有帮助。

6.1.2 测试目的

测试目的需要清晰地回答"为什么我们需要做这个测试？"，另外还要确保本次测试的结果能被有效地用于某个商业决策。清晰的测试目的决定了后面的测试设计、测试产品选择及数据分析。

（1）测试设计

比如某测试目的是为了在项目最初期快速比较一下两个不同颜色的霜类产品在使用时及使用后肤感上的差异。那测试设计可以考虑在测试过程中使用灯光遮蔽产品颜色，减少外观差异带来的影响。再如某测试目的是为了结合感官评价测试结果与后续消费者测试的结果，建立相应的预测模型。那测试设计建议重复感官评价测试。

（2） 测试产品

拿上面的例子来讲，如果测试目的是为了综合感官测试结果与后续消费者测试的结果，建立相应的预测模型，那在选择测试产品时，就需要尽量挑选这个品类感官不同纬度上有差异、有代表性的产品，而不是挑选类似产品。

（3） 数据分析

比如某个水类产品的测试目的是比较两个水类新配方与两个参照竞品在感官评价属性上的差异。那数据分析时我们只要重点关注新配方与两个参照竞品的差异，而不需要花精力分析两个竞品间的差异。又如测试目的是综合感官测试结果与后续消费者测试的结果，建立相应的预测模型，那数据处理就可能需要用到主成分分析、聚类分析、因子分析、回归模型等。

（4） 应用测试结果的决策

比如某个乳液类产品的测试目的为通过比较两个升级配方与现有配方的差异，确定一个跟现有配方在重要的属性（吸收度、皮肤的光滑度、产品的光泽等）方面最接近的配方进入下一轮的消费者测试。这个测试目的一眼就可以看出如何根据测试结果做决策。有时测试负责人会接到测试目的不明确的测试申请，这时需要非常慎重。需要多和测试申请人沟通，明确测试结果会怎样帮助商业决策。

6.1.3 测试产品之间的差异

要求测试申请人或技术人员列举出测试产品之间的差异可以帮助确定测试的方法。比如测试产品之间钛白粉的含量不同，体现在消费者感知的属性是涂抹后的立即美白程度，那测试问卷和选择评估属性时就需要将这一属性涵盖。某乳液感官评价测试申请表样例如表 6.2 所示。

表 6.2 某乳液感官评价测试申请表样例

感官评价测试申请表	
申请人：张三	申请日期：2017 年 4 月 18 日
申请人联系方式：zhangsan@howtonpd.com	申请部门：护肤配方组
项目名称：乳液产品成本控制项目	
背景介绍： 公司需要对某乳液产品的配方成本进行控制,但不希望在肤感上与现有产品存在差异。配方技术组决定将某一进口原料的配比进行下调。在上一轮感官评价小组测试中(测试编号是 HT-003-17),新配方在肤感特别是黏腻度上与现有配方有显著差异。配方组又改进了配方,希望通过本次测试锁定配方。	
测试目的： 比较改进后的新配方与现有产品之间在感官属性上,特别是使用后的肤感上是否有区别。	

测试产品：

每个产品需要至少 150mL 的量，用于测试与留样。

产品名称	配方号♯	配方类型
改进后的乳液	♯×××××	××
现有乳液	♯×××××	××

测试产品之间的区别：

仅某原料的配比有区别，但可能会影响涂抹后的黏腻感。

期望的测试时间：

5 月中旬，产品 5 月 2 日可以寄到。

产品安全评估：

产品经相关测试评估可安全用于感官评价测试。

其他备注：无

　　不要将测试申请表简单地当成一个文档，而是要通过这样一份申请表来总结整个项目团队对该测试的理解，确保所有人的理解一致。在大多数情况下，这些目标应该清晰且无争议。但也存在少数情况，测试过于宽泛，超过了规划的测试目的，或者不适用于拟采用的方法，可以使用此申请表来重新调整或者拓展测试内容。总之，填写、阅读及讨论测试申请表的过程也是认真审视这个测试的过程，这一步对后期测试方法的选择、测试执行以及数据分析、报告撰写都有很大的影响。

6.2　问卷设计和方法

　　测试的目的决定了测试的方法及问卷设计。测试负责人要仔细阅读测试申请，根据申请的要求选择合适的测试方法，是辨别性检验、描述性分析还是情感测试。

　　所谓问卷设计，就是根据测试目的，将所需解决的问题具体化，使测试负责人能顺利地获取必要的信息资料，进行数据分析和报告撰写。感官评价测试问卷是感官评价过程中对评价员最直接的指引，是不同测试方法的直接表现形式，同时也是获得目标结果的主要载体。因此，在设计问卷的过程中首先要把握测试目的和要求，同时要争取评价员的充分配合，以保证最终问卷能提供准确有效的感官评价。一个好的感官评价问卷应该目的明确，简单明了，内容切题丰富，回答便捷，同时兼具一定的趣味性。而要达到这些要求，必须对问卷进行认真仔细的设计、测试和调整。通常，问卷设计可以分为以下步骤。

（1）根据测试目的，确定需要收集的信息

在问卷设计之前，测试负责人必须明确需要了解哪些方面的信息，这些信息中的哪些部分是必须通过问卷才能得到的，这样才能较好地说明所需要测试的问题，实现测试目标。比如应了解测试护肤品的整体特征和该护肤品会让评价员在哪些评估属性上有感官体验，是使用前的外观属性，还是使用中的触感，亦或使用后的肤感体验，将合适的评估属性列入评价问卷中，让评价员逐项进行评估，用适当的词汇予以表达，或在一定的标尺上进行打分。总之，在这一步，测试负责人应该列出所要测试的感官属性清单，然后体现在问卷设计中。水类感官评价小组的属性清单示例见表 6.3。

表 6.3　水类感官评价小组的属性清单示例

测评阶段	属性
产品外观	产品透明度 产品质地厚薄
产品第一次接触涂抹时	产品拉丝性 （料体）涂抹顺滑程度 （料体）涂抹厚薄程度
产品涂抹后即时感觉	水感 油感 皮肤光亮程度 皮肤光滑程度 皮肤粘手程度 产品残留量
产品涂抹后 1min 感觉	皮肤光亮程度 皮肤光滑程度 皮肤粘手程度 产品残留量
产品涂抹后 2min 感觉	皮肤光亮程度 皮肤光滑程度 皮肤粘手程度 产品残留量 总体吸收度

（2） 确定问题的内容， 即问题的设计和选择

明确需要收集的信息资料之后，测试负责人就应该根据所列测试清单进行具体的问题设计。根据信息资料的性质，确定提问方式、问题类型和答案选项等。对一个较复杂的信息，可以设计一组问题进行测试。问卷初步设计完成后应对每一个问题都加以核对，以确定其对测试目的是有贡献的。仅仅是趣味性的问题或可有可无的问题应从问卷中删除，因为它会延长测试所需时间，使评价员不耐其烦。

（3） 决定措辞

措辞的好坏，将直接或间接地影响到测试的结果。因此对问题的用词必须十分谨慎，要求通俗、准确、客观。特别是有些护肤品的属性需要确保评价员容易理解，无歧义。所提的问题应对评价员进行预试之后，才能广泛地运用。

（4） 确定问题的顺序

在设计好各项单独问题以后，应按照问题的类型、难易程度进行排序。引导性的问题应该是能引起评价员兴趣的问题。问题的排列要符合逻辑的次序，使评价员在回答问题时有循序渐进的感觉，同时能引起评价员回答问题的兴趣。

（5） 问卷的测试与检查

在问卷用于实施测试之前，应先选一些评价员来进行预测试。在实际环境中将整个测试流程和问卷评价预测试一次，以求发现设计上的缺失。如是否包含了整个测试主题，感官属性是否容易造成误解，语意表达是否不清楚，是否抓住了重点等。

（6） 审批、定稿

问卷经过修改后还要呈交测试申请者，讨论通过后才可以正式实施。

感官评价问卷的设计根据不同测试方法，通常可分为以下几种形式：

① 辨别性检验，对比两种或两种以上样品的整体差异或特定属性差异。

② 描述性分析中完整的感官剖面分析及单一感官剖面分析，前者指对测试样品使用前、使用中、使用后整个使用体验中多个或全部感官属性指标进行详细评价。而后者指针对某一个感官属性指标进行评价，在测试中追踪这一指标的变化过程，比如评价某霜在涂抹后立即、1min后、2min后及5min后残留物的变化状况。

③ 情感测试，基于测试目的，使用合适的标尺，涵盖总体喜好程度，提出针对某些属性的接受度及一些相关属性的强度的问题。

问卷设计的注意事项：

① 提问的顺序应先易后难、先简后繁。

② 问卷的长度需要一定的控制。

③ 如果要详细询问，那就要明确属性的具体时间点，比如产品的香味是指香味的总体评价，如想问用后皮肤余香，就需要指明产品留在皮肤上的香味。

④ 要避免带有倾向性或暗示性的问题。

⑤ 问卷中使用的属性要明确，要避免使用有多种解释而没有明确界定的属性，比如产品使用后肤感评价就很宽泛，每个评价员都会有自己的理解。另外一个问题只针对一个属性，不要将多个属性融合在一起提问。

⑥ 不要问一些不适合的问题，比如在没有产品品牌和概念的情况下问是否愿意购买，这样得到的信息不准确，不具有参考作用。

6.3　样品的准备

样品是影响感官评价活动的一个重要因素。样品准备的原则是要尽可能控制变量，减少干扰因素带来的误差。首先样品应该在样品准备区准备，避免评价员看到样品的准备过程。如果评价员碰巧看到垃圾桶里有某牌子的空包装瓶并认为这是测试中一个编码样品的外包装，就可能会使他代入自己的主观想法而导致测试结果产生偏差。样品准备区应靠近评价室，但又要避免评价员进入测试区时经过准备区看到制备的各种样品和嗅到气味后产生的影响，也应该防止准备样品时的气味传入评估室。

感官评价测试中呈送给评价员的测试品需符合均一性原则，即准备的样品除所要评价的特性外，其他特性应该完全相同，以避免可能会给评价员带来偏见的信息。如盛放样品的容器、样品量、摆放顺序或呈送方式都尽可能保持一致。

6.3.1　样品量

样品量包括两方面，即评价员一次测试所能评价的样品数量和测试中提供给每个评价员分析用的样品量。

从护肤品感官评价的角度考虑，两个样品在身体同一部位进行评价，中间要预留充足的休息时间（10～30min，视具体情况而定），让评价员和测试皮肤状态得以恢复。每次测试所评定的样品数受评价员感官疲劳和精神疲劳两个方面的影响。对于膏霜类产品，6～8个产品在手臂不同的区域进行测试是上限，中间还需要给予充足的皮肤恢复和休息时间。对于一些在面部进行的测试，考虑到评价员对面部过度清洁带来的问题，半脸测试最多可测两个产品。

提供给每个评价员分析用的样品量需要测试负责人事先根据具体测评项目来确定。比如根据消费者实际使用量与测试区域的大小计算出测试样品的取样量，举例来说，在5cm×7cm/5cm×10cm手臂区域做膏霜类测试，通常取样量是0.05mL。为了严格控制取样量，消除误差，通常会使用移液枪或一次性针管来进行取样。手部测试区域划定如图6.1所示。

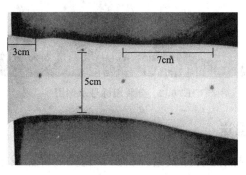

图6.1　手部测试区域划定示例图

6.3.2　样品容器

对于一般护肤品，除特殊要求，倾向于采用统一的无任何特殊标记的无味、无色或白色容器，要求使用方便，具有一定密封性，不能对测试产品的感官品质有负面影响。同一个测试用的容器应相同。另外，每次测试的容器都是一次性的，不能重复使用，避免测试产品被污染。但有些特殊的产品需要现场取样，比如会分层的爽肤水或使用前需要摇晃的防晒霜，这些产品需要工作人员在测试时适当搅拌后取样，立即给评价员评价，当然这一取样过程也要避免评价员看到。

6.3.3　样品的命名

感官测试中所有呈送的样品都应适当编号，屏蔽其他相关信息。样品编号工作应由测试负责人进行，不能告知评价员编号的含义或给予任何暗示。有时甚至连感官评价小组组长也不能知道样品的信息，真正做到双盲。可以用数字、拉丁字母或字母与数字结合的方式对样品编号。用字母编号时，应该避免按字母顺序编号或选择喜好感较强的字母（如最常用字母、相邻字母、字母表中开头和结尾的字母等）进行编号。用数字编号时，最好采用三位的随机数字，注意避开有明显喜好或意义的编号，比如888、110等。同一测试中每个样品编号不同，短期内不同样品编号尽量避免重复。另外，同一批测试产品的编号最好有所区别，不要选择过于相近的编号。编号以相同标签标记于容器上。若容器盖与瓶分离，则需在盖与瓶上同时做标记。确保评价员在整个测试过程中了解容器中样品信息，避免遗漏与失误。另外，为防止编号在测试中磨损，可以在标签上贴上透明胶带保护（如图6.2所示）。

图6.2　分装瓶标号示例图

6.3.4　样品的呈送

　　测试时将测试样品随机分发给评价员，避免因样品发放次序的不同影响评价员判断。样品呈送的顺序要达到平衡，即保证每个样品在同一位置出现的次数相同。例如某三种样品在一次序列测试中按以下顺序呈送：ABC-ACB-BCA-BAC-CBA-CAB，这就需要参加测试的评价员人数是6的倍数。工作人员可以在测试前准备测试的随机表，按照随机表来呈送样品（见表6.4）。有些测试甚至在随机呈送表中要求考虑左右手的影响。除评价所要求的变化外，工作人员应非常仔细，保证所有呈送操作和样品准备方法标准化。

表6.4　送样随机表示例

评价员姓名	产品编号			
	左手臂	右手臂	左手臂	右手臂
张三	180	517	325	403
李四	517	325	403	180
周五	325	403	180	517
郑六	403	180	517	325
……	……	……	……	……

6.3.5　样品的留样

　　测试样品要有标准化的留样程序，方便将来查询。可以根据各自的情况规定留样的量和留样时间。同时，测试样品应拍照存档，包括外包装及料体（如图6.3所示）。留样应详细标注项目号、产品名称、样品照片、留样时间，以便及时销毁超过留样时间的样品。留样需要存储在避免太阳直晒的阴凉地。

图6.3 样品留样标准化

6.4 样品测试与执行

感官评价项目的正常运作需要团队良好的默契和良好的沟通，通常感官评价小组组长在测试前就已经将测试问卷、样品及测试流程做了详尽的安排。感官评价是细致入微的工作，做最细致的安排，以避免测试中不必要的影响因素，做最详尽的沟通，以确保每个评价员的认知理解一致。感官评价是以人的感官为实验工具进行的活动，必然会受到人心理效应的影响，因此在组织评价员的实际测试过程中，决不能忽视评价员心理情绪状态可能带来的影响。妥善安排测试环境、人员、时间、测试指令、样品呈递、测试手势流程等一系列工作，保证整个测试氛围轻松自然。

6.4.1 对评价员的指令

评价小组组长给小组成员的指令应该非常清楚简练。无论是在评价员进入评价室区域之前，还是在评价过程中，评价小组组长逐条给出指令可让那些不熟悉感官检验而又是项目目标对象的人进行预检验。评价小组组长需要注意的是：不能因为对检验方法过于熟悉就对已具有实在意义的指令加上另外的含义，这样会使评价员产生误解。如果在现有指令上做任何改变，或赋予其他的含义，应在正式测试前对评价员进行培训。将一切工作指令程序化，既能够完善工作内容，避免人为误解造成的失误，也可保证工作高效性。对一些固定的指令，可以用录音的形式记录下来，这样每次测试时就放录音，可以简化评价小组组长的工作，使其注意力重点放在样品呈送、评价员的手势等上。

6.4.2　评价流程图

当评价流程非常复杂或评价员不熟悉操作流程时，置于评价间的评价流程图是统一规范评价员评价操作的有效途径，其与问卷相互结合共同指引评价员的评价过程，能有效减轻评价员的思想负担，尽可能降低测试期间人为因素导致的不确定性。评价流程图的设计需要综合考虑多方面的因素，要求简单明了，可操作性强。感官专业人员设计出评价流程后，需提前体验以检查流程图的操作合理性，尤其是时间方面，以保证测试高效顺利地完成。膏霜类感官评价测试的评价流程图如图6.4所示。

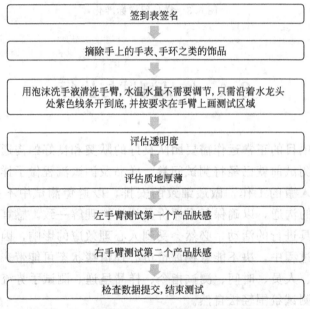

图 6.4　膏霜类感官评价测试的评价流程图

6.4.3　数据采集

在评价员组成的评价小组对样品的差异、感官特性强度等评价完成后，统计问卷获得原始数据，并检查是否有异常值，若有异常值或偏差值需要及时和评价员进行沟通核实，避免笔误。最后再将核对整理好的数据交给数据分析人员。另外，数据的输出格式需要考虑后期分析，提前做好要求。可以直接通过电脑、Pad来回答问卷，快速收集数据。

6.5 评价报告

数据分析人员依据感官分析数据处理方法对数据进行处理分析获得测试结果，完成评价报告。评价报告一般需要包括测试目的、样品信息、实验设计、评价员总数、结果分析和结论。

评价报告主要有两个作用：交流结果和为研究提供记录，考虑到最终报告接受者的背景不同，如技术、非技术、市场营销、研发、环境等方面，选择恰当的报告形式至关重要。所以撰写报告时，需要充分了解不同人对报告形式的要求，提前规划。评价报告结构实例如图6.5所示。最后需要提醒的一点是注意评价报告的存储与留档，方便将来相关测试参考和综合分析。

目录

第1部分：项目介绍……………………………………第4页

第2部分：结论…………………………………………第5页

第3部分：主成分分析…………………………………第6页

第4部分：感官属性剖面图……………………………第7页

第5部分：附件…………………………………………第8页

数据表（平均值）……………………………第8页

样品信息………………………………………第9页

属性列表………………………………………第10页

图6.5 评价报告结构实例

撰写评价报告应该注意以下几点。

① 评价报告必须公正、客观，不可带个人主观思想。

② 撰写评价报告结论时，可以结合产品技术上的一些参数来分析数据，这样的结论会更有说服力，信息会更全面。

③ 解读统计结果时，切勿一刀切。有时统计学上存在差异，并不代表差异真的存在，需要根据行业经验来判断。

④ 提前计划好完成正式报告所需的时间。避免拖延或人员替换过程中造成信息流失，特别是一些长期的项目，需要事先计划出每个阶段报告的时间，确保信息不流失。

⑤ 确保报告可以通过检索标题、作者、关键词、编号等从数据库中轻松获得。

⑥ 摘要撰写要仔细、全面、简洁，部分人可能只阅读摘要部分。

⑦ 确保结论和检验目的相关。

⑧ 要充分写明感官测试是如何开展的，以便研究可以重复。对于一些例外的情况，需要特别注明。

⑨ 合理安排归档文件和数据分析所需要的时间。

⑩ 按照国家法规或相关规定存储个人记录，保护志愿者隐私。

⑪ 特别注意相关保密政策，对于一些保密项目需要对报告进行加密。如果要出版，需要遵循出版的相关规定。

第7章

数据分析与解读

熟练掌握统计学知识，可快速对感官评价测试样本数据进行分析解读，同时清晰了解统计分析中可能产生的误差来源与消除办法，是一名感官评价研究人员应该具备的专业能力。感官评价数据分析与解读，是总结提炼感官评价结果的关键。其主要目的为挖掘数据内部的因果关系与规律，找出测试产品间存在的差异与联系，经过数据分析剖析出产品的肤感信息，同时分析评价员测试数据的一致性、准确性与重复性，有利于对评价小组测评能力进行监督与追踪。

为了快速、便捷、准确地对感官评价数据进行分析，业内陆续出现了专门针对感官评价的数据分析软件，如 Panel Check、Senstools、Compusense Five、Unscrambler、Eye Question、Tragon QDA、Senpaq 等。一些常用的数据分析软件也经常应用于该领域，如 WPS、Excel、Origin、SPSS。

本书第 3 章已对感官评价测试方法进行了全面讲解，本章主要对不同测试方法的数据分析方法进行介绍，并通过介绍一些常用感官评价数据分析软件的应用实例，使感官评价员快速掌握感官评价数据分析方法。

7.1 感官评价常用数据分析方法

辨别性检验（Discrimination Tests）、描述性分析（Descriptive Tests）和情感测试（Affective Tests）是感官评价测试中的主要方法。其中辨别性检验实验结果为作出正确答案的人数，可通过对照统计学表，根据相应的评价员数量和显著水平，找到存在显著性差异时所需的最少正确答案数，以此确定差异的显著性。情感测试中，成对偏爱检验主要是统计各个选项的选择数目，从而得出结论；排序偏爱检验主要是对样品排序进行描述，作出判断，此部分已在第 3 章阐述过，此处不再展开叙述。

本章主要介绍行业内使用较多，可定量定性地进行描述性分析的数据分析方法。描述性分析方法的数据输出是评价员为产品关注属性打出的分值，一般数据整理为如表 7.1 所示的格式。

表 7.1　评价员评分数据记录表模板

评价员	产品编号	关注属性 1	关注属性 2	关注属性 3	……
张三	361				
张三	253				
李四	361				
李四	253				
赵五	361				
赵五	253				

评价员	产品编号	关注属性 1	关注属性 2	关注属性 3	……
王一	361				
王一	253				
孙二	361				
孙二	253				
吴七	361				
吴七	253				
……	……				
……	……				

针对评价员的打分数据进行最基本的计算，主要包括平均值、标准差、标准误差以及方差，其中平均值通常采用雷达图的表现方式使得数据更直观，便于产品间各属性强度对比。

感官评价数据分析中，差异性检验是重要的部分。若是样本较少（$n \leqslant 30$），测试目的主要是比较其中两个产品的情况，可以通过 t 检验进行差异显著性分析。两个及两个以上样本平均数差别的显著性检验，特别是多产品测试的分析，可采用方差分析。

方差分析可以指出主要的或有相互作用的产品差异是否显著，但是当样品的主要影响具有显著性时，方差分析无法体现产品间的差别。若要指出哪些产品间有显著性差异，可采用多组极差检验的方法，包括 HSD 法、Duncans 法、Newinan-Keuls 法、Tukey 法、Scheffe 法、Fisher 提出的和 Dunnett 改良的最小显著性差异法（Least Significant Difference，LSD），其中 LSD 法适用于数据评估前，而改良的 Dunnett 法是专门让产品与对照样进行比较的方法，HSD 法计算出 HSD 值，可以用其进行各对平均值之差的大小比较，从而具体判断产品间的差异，也是比较常用的方法。

针对多个变量（或多个因素）之间相互依赖的统计规律性，如定位测试的样品之间哪些关注的属性较为明显，需要进行多元统计分析。多元统计分析主要有多重回归分析（简称回归分析）、判别分析、聚类分析、主成分分析、对应分析、因子分析、典型相关分析、多元方差分析等，在描述性测试数据分析中较为常用的是主成分分析和聚类分析。

7.1.1 算术平均值与雷达图

算术平均值又称均值，是数据统计分析中最基本、最常用的一种平均指标。

在 Excel、WPS 中选中样本数据，在空格处插入函数"＝Average"即可求得。

如图 7.1 所示，雷达图是一个如蜘蛛网的图形，中心为 0，中心放射出的每条线可代表每一个感官属性，线的长短代表强度的大小，每个产品每个属性打分的平均值分别落在线上，雷达图的应用使得结果更加直观，更便于评价员对比产品间关注的感官属性的差异。

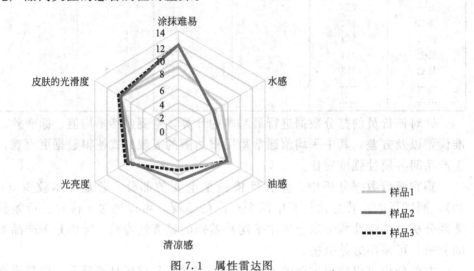

图 7.1　属性雷达图

通过 Excel、WPS 绘制雷达图十分便利，首先通过插入平均值函数，求得各产品各属性的平均值，之后选取所要分析的数据单元格，插入雷达图，如图 7.2 所示。

7.1.2　t 检验

t 检验是一种能有效检验两个实验组之间是否具有显著性差异的统计学方法。显著性检验就是事先对总体（随机变量）的参数或总体分布形式做出一个假设，然后利用样本信息来判断这个假设（备择假设）是否合理，即判断总体的真实情况与原假设是否有显著性差异。显著性水平 a 一般为 0.01 和 0.05。

如果研究过程中，只需判断有无显著性差异，则采用双尾检验；如果要判断某个参数的某个值是否偏大或偏小，则采用单尾检验。

经常使用的 t 检验主要有三种类型：①观察数成对时，例如每个评价员对两个产品的关注属性进行打分，由于两个产品的打分均由一个人完成，所以每对数据之间是有联系的，称为成对 t 检验或非独立 t 检验；②平均数之间的检验，例如评价小组的每个评价员的打分与小组打分平均值之间的差异性检验；③对一个产品的关注属性进行打分，但是由两组不同的人完成，即为独立 t 检验。后两种类型的 t 检验，在进行检验前需要先判断两组数据方差是否相等，即判断检验类型为双样本等方差检验还是双样本异方差检验。

数据处理过程中，t 检验的基本步骤如下：

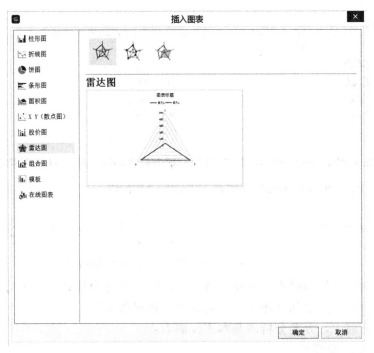

图 7.2　WPS 插入雷达图选择窗口

① 建立假设，确定显著性水平 a 的值，即先假定两个总体平均数之间没有显著差异，感官评价中，一般显著水平设置为 0.05。

② 计算检测统计量 t 值，对于不同类型的问题选用不同的统计量计算方法。

③ 根据 t 值以及自由度，查相应界值表，确定 p 值，若 p 值小于显著性水平 a 则有显著性差异，否则无显著性差异。

在 WPS 的空白格中插入函数参数"＝TTEST"，会弹出对话框，如图 7.3 所示，分别选取对比的两组数值，若测试只是为了对比某个参数是否偏大或偏小，尾数处填单尾代表数值，若只是比较两组数据有无显著性差异，则尾数处填双尾代表数值。类型主要分为成对检验、双样本等方差假设、双样本异方差假设，根据实验具体类型填写对应数值，之后点击"确定"运行算法，得出 p 值。

7.1.3　方差分析

在感官评价数据分析中，方差分析是最常用、最实用的工具，用于两个及两个以上样本平均数差别的显著性检验，特别适合多产品测试的分析。在进行描述分析时，每个评价员被要求用一系列描述词汇对化妆品进行描述，并且要

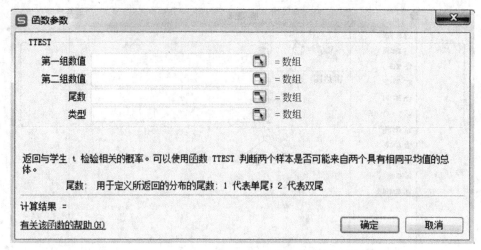

图 7.3　WPS 软件插入 TTEST 函数数值选择窗口

确定每个描述特性的强度。在这种情况下，就应对每个描述词汇进行双向方差分析，以确定产品之间和评价员之间是否存在显著差异。

数据处理中，方差分析的基本步骤如下：

① 建立检验假设。

H0：多个样本总体平均值相等；

H1：多个样本总体平均值不相等或不全等。

显著性水平一般设置为 0.05。

② 计算检验统计量 F 值。

③ 确定 p 值，若 p 值小于显著性水平 a，则有显著性差异，否则无显著性差异。

方差分析可采用 Excel 的数据分析功能进行快速分析，首先打开 Excel，横排输入数据，点击顶栏的"数据"选项卡，观察右上角是否有"数据分析"这个功能模块（见图 7.4）。

图 7.4　Excel 功能栏目窗口

如果没有，单击左上角的 Office 图表，点击"Excel 选项"，在弹框中，选择"加载项"，在下方的"管理"选项中，选择"Excel 加载项"，点击"转到"，在弹出的"加载宏"界面里，勾选"分析工具库"，点击"确定"即可，如图 7.5 和图 7.6 所示。

图 7.5　Excel 软件加载宏窗口

图 7.6　Excel 软件分析工具库加载窗口

例如两个分别为 592、273 的产品，评价员对其油感进行打分，结果如图

7.7 所示。

评价员	1	2	3	4	5	6	7	8	9	10	11	12	13	14	15
592油感	11	11	9.5	10	8.5	10	10.5	11	9	9.5	10	11	10	9.5	9
273油感	6	8	6	7.5	8	8.5	8	8	7.5	9	8	8.5	7.5	9	7

图 7.7　评价员油感打分结果

　　为了进一步判断两者之间的差异，进行方差分析。首先点击顶栏的"数据"选项卡，点击"数据分析"选项，弹出方差类型选择窗口（如图 7.8 所示），根据具体实验选择合适的分析工具。方差分析主要有单因素方差分析、可重复双因素分析、无重复双因素分析三种类型，首先根据变量的情况判断是单因素还是双因素，例如此案例由不同评价员对两个产品进行打分，不同评价员与不同产品均为变量，即此案例可判定为双因素分析，再根据变量是否有相互作用，判断是可重复分析还是无重复分析，此案例评价员、样品之间均为独立的，应为无重复双因素分析，所以在窗口选择此选项。

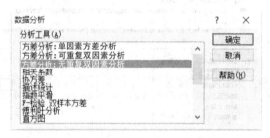

图 7.8　Excel 软件方差类型选择窗口

　　之后选择要分析的数据以及数据输出的区域，点击"确定"即可得到结果，如图 7.9 和图 7.10 所示。

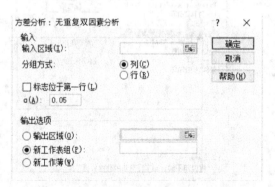

图 7.9　数据分析与输出区域选择窗口

　　从数据中可以看到行间 F 值以及 F_{crit} 值，若 F 值大于 F_{crit} 值，则可判断对比的组别间具有显著性差异，也可以查看 p 值，若 p 值小于显著性水平 a，即

方差分析：无重复双因素分析

SUMMARY	观测数	求和	平均	方差
行 1	15	149.5	9.966667	0.659524
行 2	15	116.5	7.766667	0.816667
列 1	2	17	8.5	12.5
列 2	2	19	9.5	4.5
列 3	2	15.5	7.75	6.125
列 4	2	17.5	8.75	3.125
列 5	2	16.5	8.25	0.125
列 6	2	18.5	9.25	1.125
列 7	2	18.5	9.25	3.125
列 8	2	19	9.5	4.5
列 9	2	16.5	8.25	1.125
列 10	2	18.5	9.25	0.125
列 11	2	18	9	2
列 12	2	19.5	9.75	3.125
列 13	2	17.5	8.75	3.125
列 14	2	18.5	9.25	0.125
列 15	2	16	8	2

方差分析

差异源	SS	df	MS	F	p-value	F crit
行	36.3	1	36.3	48.63158	0.0000065	4.60011
列	10.21667	14	0.729762	0.977671	0.516550877	2.483726
误差	10.45	14	0.746429			
总计	56.96667	29				

图 7.10　方差分析结果

具有显著性差异，反之没有。此案例 p 值远远小于 0.05，说明两个样品之间油感差异性明显。

7.1.4　主成分分析

主成分分析（Principal Component Analysis，PCA）是一个多变量的技术，旨在利用降维的思想，把多指标转化为少数几个综合指标（即主成分），其中每个主成分都能够反映原始变量的大部分信息，且所含信息互不重复，可用于简化和/或描述多项独立变量以及样品之间的中间关系。主成分分析把初始的独立变量转化成新的不相关范围，简化了数据结构，有助于分析人员对数据进行解释。

由于主成分分析所处理的数据量较大，传统数据分析软件操作步骤较繁杂。目前针对感官评价描述性分析的软件均可快速得到主成分分析结果，且操作简便。在保留主成分描述的数据空间中，计算每个样品的因素的得分，从而得到主成分分析图。

主成分分析图（见图 7.11）中，以中心为初始点，属性与产品在图中的位置为终点，属性与产品坐标方向越接近，该产品这部分属性的感觉越明显，如图中产品 A 皮肤光滑程度的感觉较强，产品 B 的遮盖能力、增白程度的属性强度较强。

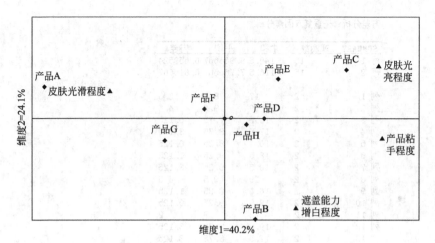

图 7.11　主成分分析图模板

7.1.5　聚类分析

聚类是将数据分到不同的类或者簇的过程。同一个簇中的对象有很大的相似性，而不同簇间的对象有很大的相异性。从统计学的观点看，聚类分析是通过数据建模简化数据的一种方法。传统的统计聚类分析方法包括系统聚类法、分解法、加入法、动态聚类法、有序样品聚类法、有重叠聚类法和模糊聚类法等。采用 k-均值、k-中心点等算法的聚类分析工具已被加入到许多著名的统计分析软件包中，如 SPSS、SAS 等。聚类分析是一种探索性的分析，在分类的过程中，人们不必事先给出一个分类的标准，聚类分析能够从样本数据出发，自动进行分类。

如图 7.12 所示，假设有 8 个产品。根据样本的数据，通过聚类分析，我们可以快速地把 8 个产品分成 5 类。结合主成分分析图，找到每一类产品的特点。

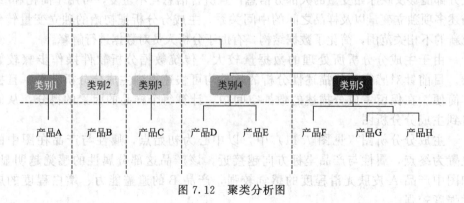

图 7.12　聚类分析图

7.2 常见误差与消除方法

感官评价的误差主要是由评价员引起的，包括生理因素、心理因素以及技能不熟练等，其次才是环境因素。

7.2.1 生理因素

生理误差主要来源于参加测试的评价员的身体健康情况，如感冒发烧等情况，会造成生理感觉器官不灵敏，从而得出不准确甚至错误的结果；感官评价员皮肤的肤质、色素沉着、皮肤感觉敏锐度和皮脂分泌量的变化、角质层含水量的变化以及其他皮肤问题也会引起误差；长时间的测试也会造成敏锐度降低或改变的情况，使得测试的结果出现偏差和误差，从而影响了结果的正确性。

为了避免以上误差，在进行感官评价测试前，应该首先确保评价员身体健康，在测评过程中可选取受外界影响较小的手臂内侧皮肤进行测评，把握好感官测试的强度也是很重要的事项。

7.2.2 心理因素

心理误差主要来源于测试目的、样品信息的泄露，一旦了解了测试样品的相关信息或者测试目的，评价员会在测试过程中由于自己的潜意识，得出一个不准确的结论，这种误差也称为期望误差。另外一个因素就是评价员在测试过程中有不良的情绪，包括心情压抑、缺乏积极性、注意力不集中等。

（1）习惯误差

在测评过程中，测评员可能有不一样的操作习惯，如若不在前期进行手法培训，不在测评过程中进行监督，都可能造成误差。在连续的测试过程中，由于测试的样品差异性不大，习惯地进行相似分值的打分，从而形成误差。前者需要通过强制性的手法要求和矫正进行消除，后者需要在测试过程中改变产品种类或者将差异较大的产品加入到测试样品中进行误差消除。

（2）思维逻辑误差

在测评人员经验不足的情况下，对产品进行测评时，会依赖自己的主观逻辑去思考产品的数据，而没有从实际出发，使得测评数据会有较大的偏差。例如在进行培训前，评价员对产品 A 的硬度 15 个标度的打分中大多是 13、14

分，与实际的偏差较大，经过一段时间的培训后，评价员对产品 A 的硬度 15 个标度的打分中大多是 7、8 分，和实际测评结果更加接近。这就要求我们对测评人员进行专门的培训指导和测试，这样在最终的测评时就可以使误差最小化。

（3）样品递送顺序

如果用两个差异性较明显的产品进行测试，会导致评价员在打分过程中进行对比，从而导致打分偏高或偏低。如果将一个与其他产品差异较明显的产品与其他产品一起进行测试，可能产生群体效应，导致这个产品打分与单独打分时有差异。另外，在测评人员测评手法不够熟练的情况下，在进行产品测评时，出于谨慎的心理，测评员的测评数据会落在中间范围，回避末端数值，这种做法会使产品测评结果看起来更相似。这些误差都可以通过递样顺序的调整进行规避。

（4）口碑效应

在测评时，若测评人员对产品已经有一定的了解，测评时测评数据将会带有一定的主观性，使得最终数据有一定的趋向性。例如在某次测评时，将 A（世界名牌）贴上了 B′（劣质品）的标签，将 B（劣质品）贴上了 A′（世界名牌）的标签，让一批测评员进行对比测评。对测评结果进行最终的分析，测评员的测评结果各项属性显示 B 比 A 好。

（5）情绪不佳

不良的情绪包括心情压抑、缺乏积极性、注意力不集中等均直接影响感官评价测试的最终结果。感官评价的管理者在感官评价测试前期应确认感官评价员情绪的稳定性，并尽可能地提供舒适、宽松的环境，调动评价员的积极性。

为了避免以上类型的误差，应该对样品信息与测试信息严格保密，另外测试前要与评价员沟通，关注评价员的心理状态。

7.2.3 评价员感官评价技能不佳

评价员的技能维护和能力的保持对于保证感官评价结果的客观性与真实性至关重要。如果由于评价员技能不熟练，打分出现异常值，会直接影响感官评价结果。所以，应核查数据的稳定性，定期地对评价员的表现进行数据化分析，对于评价员表现不佳的情况，应该直观地通过数据展现给评价员，使其清晰地了解自己的感官评价表现，也有利于评价员感官评价能力的提升与维持。

日常测试中，主要通过将单一评价员的打分数据与小组其余成员打分数据、小组的打分平均数据进行对比，分析评价员表现的信息。具体分析方法已在第 5 章中提及，在此不再赘述。

另外，定期进行重复性测试，考核个人、小组整体对感官评价的属性感觉的描述性、重复性、一致性，并及时将数据呈现给评价员，也是评价员进行能力维护与提升的一个重要环节。

重复性测试中需要评价员对两个相同的样品进行描述性测试，测试可以安排于不同批次的日常测试中进行，若在同一批次测试中进行考核，需另外增加 1～2 个其他相近样品，降低心理误差。重复性测试主要通过数据分析，对感官评价小组整体以及个人的表现进行评价。感官评价小组整体的表现主要通过 t 检验分析，考察评价员对于两个相同产品各属性的打分是否有重现性，即小组各属性两次打分的平均值是否无显著性差异；另外通过方差分析同一属性评价员打分平均值间是否有显著性差异。针对评价员个体的评价，主要通过 t 检验对比评价员两次打分的差异性，以及评价员单一属性两次打分平均值与感官评价小组打分平均值是否有显著性差异。

7.3　应用举例

数据分析报告是数据分析过程中一个重要的部分，是整个数据分析成果的体现，通过数据分析报告，把整个数据分析的目的、过程与结果完整呈现出来，供决策者参考。一份好的数据分析报告，首先应该结构清晰，主次分明，方便决策者阅读理解；其次应该图文并茂，生动形象，方便决策者形象、直观地看清问题。

数据分析报告应该包含测试目的、测试过程安排、结论与建议、平均值显著性差异表、雷达图等内容，并由评价小组负责人签字确认。报告示例如表 7.2 所示。

表 7.2　数据分析报告示例

测试目的：与测试申请中的测试目的一致
测试时间：实际测试时间
测试地点：实际测试地点

环境温度/℃:		相对湿度/%:	
测试人员:			
测试样品: 请写明测试样品及编号			
重复性测试:有( )　　　　无( )			
关注的主要属性	请与测试申请表中申请人选择关注的属性保持一致		
结论与建议	·总结本次测试所关注的属性中哪些存在显著性差异,哪些存在轻微差异,哪些不存在差异 ·对于存在显著性差异的属性,比较差异大小、优劣 ·对于存在轻微差异的属性,比较差异大小、优劣 ·其他建议		
附注			
平均值显著性差异	插入数据分析平均值显著性差异结果表		
雷达图	插入数据分析雷达图		
实验员:		评价小组组长:	

案例 7-1

　　某公司研发部门开发了一款保湿类水剂产品, 研发工程师设计了三个配方, 想通过描述性测试, 比较不同配方产品的肤感差异, 其中主要关注水感、 皮肤光滑度、 皮肤粘手度、 残留物的量、 总体吸收度5个感官属性。 配方样品分别编号为001、 002和003, 由15位专业的评价员在身体健康状况良好、 心情稳定的情况下对3款配方进行打分, 打分标尺为0~15, 30个维度, 显著性水平为5%。

　　经过15位专业测试人员测试得到原始数据, 部分原始数据见表7.3。

表 7.3   产品各属性打分数据

姓名	样品编号	水感	光滑度	粘手度	残留物的量	总体吸收度
张三	001	7.5	9	4	7	8
张三	002	10	9	3	5	10.5
张三	003	11	10	3.5	4	11
李四	001	8	7	3	8	9
李四	002	9.5	7.5	2	5	10
李四	003	14	7	2	4.5	11.5
赵五	001	8	6.5	4.5	6	9
赵五	002	11	8	3.5	7.5	11
赵五	003	10	11	4	5	10
王一	001	8.5	6	2.5	7	9
王一	002	9	7	3	6.5	9.5
王一	003	12.5	7.5	3	4	11
……						
……						
……						
孙二	001	8	9	3	4	7.5
孙二	002	10	8	4	3.5	10
孙二	003	11.5	8.5	2.5	5	11
吴七	001	9	8	4	5	8
吴七	002	11	8.5	3.5	4	11
吴七	003	13	8.5	2	4	12

　　根据原始数据，求得各属性平均值，再进行多产品间方差分析求得 p 值。为进一步分析产品间的差异，进行 HSD 检验，整理得到表 7.4 产品各属性平均值显著性差异表。并按第 5 章所述方法进行分类。

表 7.4   产品各属性平均值显著性差异表

属性	001		002		003		HSD	p
水感	8.4	c	10.9	b	13.0	a	0.7	<0.0001
皮肤光滑度	7.9	b	8.7	a	8.7	a	0.6	0.0040
皮肤粘手度	4.0	a	2.6	b	2.8	b	0.7	0.0002
残留物的量	6.3	a	4.5	b	3.7	c	0.6	<0.0001
总体吸收度	9.4	c	11.2	b	12.6	a	0.5	<0.0001

通过方差分析，所有属性组间 p 值均小于 0.05，有显著性差异，水感、残留物的量和总体吸收度 p 值小于 0.0001，组间差异最明显。

从雷达图(见图 7.13)中更直观地看出产品间的差异，关注的属性中，产品间水感、总吸收度、残留物的量的肤感区别较明显，配方 003 在水感及总体吸收度的感觉明显优于配方 001 和配方 002，配方 003 使用后产品残留物的量感觉较其他两个产品不明显，配方 001 水感最弱、总体吸收度最慢，使用后相比于其他产品感觉残留物的量较多。

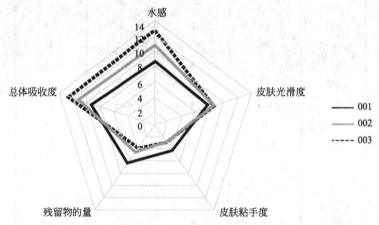

图 7.13　产品各属性雷达图

为了更好地定位三个配方分别在哪个属性上的感觉更明显，进行总成分分析，得到图 7.14。

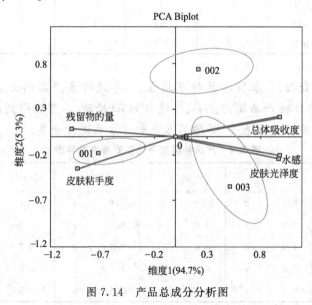

图 7.14　产品总成分分析图

由图7.14可知，配方001皮肤粘手度较强，配方003水感、总体吸收度以及使用后皮肤光泽度感觉较强，配方002各属性的感觉适中。

　　通过数据分析，配方003相较于其他两个配方，肤感更佳。

案例 7-2

　　某公司研发部门开发了一款美白类膏霜剂产品，研发工程师设计了四个配方，想通过描述性测试，比较不同配方产品的肤感差异，其中主要关注涂抹难易、水感、油感、皮肤光滑度、皮肤粘手度、残留物的量、总体吸收度7个感官评价属性。配方样品分别编号为607、148、357和529，由15位专业的评价员在身体健康状况良好、心情稳定的情况下对4款配方进行打分，打分标尺为0～15，30个维度，显著性水平为5%。

　　经过15位专业测试人员标准测试得到原始数据，部分原始数据如表7.5所示。

表7.5　产品各属性打分数据

姓名	样品编号	涂抹难易	水感	油感	皮肤光滑度	皮肤粘手度	残留物的量	总体吸收度
张三	607	8	6	7	9	6	6	10
张三	148	10.5	6	8	9	6	5	11
张三	357	9	5.5	7.5	7	9	5	11.5
张三	529	11	5	6	6.5	9	7	9
李四	607	8.5	7	6	7.5	7	7	10
李四	148	9.5	7	7	7.5	5	6.5	9.5
李四	357	10	7.5	9	9.5	5.5	7	11
李四	529	10	8	8.5	10	6	6.5	9.5
赵五	607	6	4	7	9.5	6	7.5	7.5
赵五	148	7.5	3.5	6.5	7.5	8.5	7.5	8
赵五	357	5	3	7	6.5	4.5	8.5	8.5
赵五	529	7.5	3	8.5	8	8.5	9	8.5
……								
……								
……								
……								
孙二	607	8	5	7	5	7.5	7	10
孙二	148	8	7	7	7	4	7	9
孙二	357	6.5	8	6.5	7	5.5	6	7.5
孙二	529	10.5	5.5	7	7.5	5	8	6.5
吴七	607	7	5	7	8	7.5	6.5	5.5
吴七	148	8	6	8	5	7	6.5	5
吴七	357	6.5	4.5	9	6.5	7.5	7	5.5
吴七	529	6	5	6.5	6	7.5	7	4.5

　　根据原始数据，求得各属性平均值，再进行多产品间方差分析求得p值，为进一步分析产品间的差异，进行HSD检验，整理得到表7.6。

表 7.6　产品各属性平均值显著性差异表

属性	607		148		357		529		HSD	p
涂抹难易	7.6	b	9.0	ab	7.3	b	9.6	a	1.2	0.1135
水感	5.7	a	6.2	a	6.0	a	5.8	a	0.6	0.0086
油感	7.7	a	7.4	a	6.9	b	7.8	a	0.7	0.0042
皮肤光滑度	7.6	b	8.0	a	8.1	ab	8.4	a	0.8	0.0101
皮肤粘手度	7.0	a	5.9	b	6.8	ab	7.4	a	1.3	0.1017
残留物的量	7.1	ab	6.2	b	6.7	ab	7.7	a	1.0	0.0994
总体吸收度	9.5	a	8.2	b	8.3	a	8.2	b	1.3	0.0145

通过方差分析，属性水感、油感、皮肤光滑度、残留物的量、总体吸收度组间 p 值均小于 0.05，有显著性差异。

从雷达图（见图 7.15）中更直观地看出产品间的差异，关注的属性中，产品间涂抹难易、皮肤粘手度、总体吸收度的肤感区别较明显，配方 529 在涂抹难易、光滑度及残留物的量的感觉明显优于配方 148、配方 357 和配方 607，配方 529 使用后皮肤粘手度感觉较强，配方 357 总体吸收度最快，相比下配方 529 总体吸收度最慢。

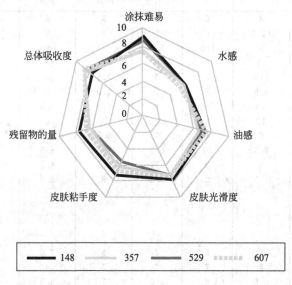

图 7.15　产品各属性雷达图

为了更好地定位四个配方分别在哪个属性的感觉更明显，进行总成分分析，得到图 7.16。

由图可知，样品 148 水感较强，样品 357 水感、总体吸收度等感觉较强，样品 529 所有属性感觉都较强，样品 607 各属性的感觉都适中。

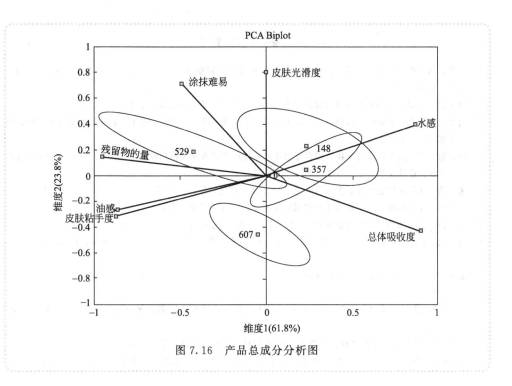

图 7.16　产品总成分分析图

参 考 文 献

[1] 薛珍，何海鸥，周立武．感官评价和仪器测试在化妆品评估中的应用 [J]．香料香精化妆品，2017，（02）：64-67，72.

[2] 林文强．认知心理学在化妆品感官评价中的影响 [J]．北京日化，2016，3：4.

[3] 周兆清．感官评价在化妆品中的应用//中国香料香精化妆品工业协会．第十一届中国化妆品学术研讨会论文集 [C]．2016：6.

[4] 周兆清．排序法在膏霜类化妆品感官评价中的应用//中国香料香精化妆品工业协会．第十一届中国化妆品学术研讨会论文集 [C]．2016：7.

[5] 吴梦洁．化妆品感官评价数据分析方法 [J]．北京日化，2016，1：5.

[6] 殷园园．化妆品感官分析评价小组的测试实践 [J]．北京日化，2016，1：7.

[7] 吴梦洁．化妆品感官评价方法选择 [A]．北京日化，2016，1：5.

[8] 周兆清，曹蕊，王楠，等．感官评价在化妆品中的应用 [J]．日用化学品科学，2015，38（10）：10-13.

[9] 丛琳，邓慧，邓燕柠，等．感官评价及其在化妆品上的应用 [J]．广东化工，2015，42（13）：161-162，149.

[10] 史波林，赵镭，汪厚银，等．感官分析评价小组及成员表现评估技术动态分析 [J]．食品科学，2014，35（08）：29-35.

[11] 姜文．产品设计中感官评价方法的应用研究 [D]．无锡：江南大学，2013.

[12] 朱金虎，黄卉，李来好．食品中感官评定发展现状 [J]．食品工业科技，2012，33（08）：398-401，405.

[13] 王硕，董银卯，何聪芬，等．化妆品感官评价与流变学研究进展 [J]．香料香精化妆品，2011，（01）：42-46.

[14] 王硕，穆旻，董银卯，等．模糊评判法在膏霜化妆品感官评价中的应用 [J]．日用化学工业，2011，41（01）：32-34，45.

[15] 王静，王秀峰．浅谈设计管理与产品创新战略理论研究 [J]．艺术与设计（理论），2010，2（04）：219-221.

[16] 杨璇．感官评价在新产品开发中的应用 [J]．市场周刊（理论研究），2009，（09）：61-62.

[17] 朱明建．产品感官质量评价与优化设计方法研究 [D]．沈阳：东北大学，2008.

[18] 邵春凤．感官评价在食品中的研究进展 [J]．肉类工业，2006，（06）：35-37.

[19] 张辉．TBC公司营销环境分析及目标市场营销策略的制定 [D]．长春：吉林大学，2004.

[20] 赵镭，刘文．感官分析技术应用指南 [M]．北京：中国轻工业出版社，2011.

[21] Sarah E K，Tracey H，Joanne H．感官评价实用手册 [M]．毕金锋，吴昕烨等译．北京：中国轻工业出版社，2016.

[22] Harry T，L Hildegarde H．食品感官评价原理与技术 [M]．王栋，李崎，华兆哲，杨静译．北京：中国轻工业出版社，2001.

[23] 陈菲．鸭血豆腐加工工艺优化及品质改善技术研究 [D]．南京：南京农业大学，2012.

[24] 李佳新．护肤品感官评价及消费者调研方法综述 [R]．2013（第九届）中国日用化学工业论坛．2013.

[25] 吕涛．企业新产品开发风险及其防范 [J]．科学与管理，2000，13（2）：10-14.

[26] 斯通 H，西特 J L．感官评定实践 [M]．陈中，陈志敏等译．北京：化学工业出版社，2008.

[27] 王楠，周兆清，尹月煊，等．统计分析在化妆品功效评价中的应用 [J]．北京日化，2016，（3）：18-22.

[28] 冼雪芬．食品感官评定及其应用 [J]．现代食品科技，1988，（3）：24-28.

［29］张晓鸣. 食品感官评定［M］. 北京：中国轻工业出版社，2006.

［30］张智锋. 研发与市场［J］. 口腔护理用品工业，2016，26（2）：38.

［31］林文强. 化妆品感官评价与技术概论——用理性的量化来评判感性的认知［J］. 北京日化，2016，（1）：6-8.

［32］张水华，孙君社，薛毅. 食品感官鉴评［M］. 第 2 版. 广州：华南理工大学出版社，1999.

［33］王素霞，赵镭，史波林，等. 基于差别度的电子舌对花椒麻味物质的定量预测［J］. 食品科学，2014，35（18）：84-88.

［34］林雅杰，佟壮为. 化妆品的分类性能及注意事项［J］. 活力，2005，（2）：185.

［35］孙素姣，何黎. 与美容相关的皮肤结构特点［J］. 中国美容医学，2008，17（2）：305-307.

［36］陈思. 皮肤摩擦触觉感知的机理研究［D］. 北京：中国矿业大学，2016.

［37］GB/T 12310—2012.

［38］GB/T 12311—2012.

［39］GB/T 12316—1990.

［40］GB/T 17321—2012.

［41］GB/T 13868—2009.

图1 样品编号准备

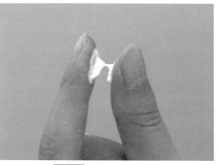

图2 观察膏体峰高

图3 观察皿涂抹

图4 观察膏体透明度

图5 划定手臂外侧区域

图6 肤感测试

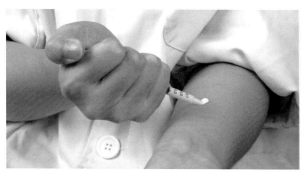

图7 手臂内侧打样

图 8 涂抹手臂内侧

图 9 观察皮肤光亮度

图 10 观察产品外观

图 11 观察产品光亮度

图 12 感受产品软硬程度

图 13 产品蘸取容易程度

图 14 配置彩色光源的工作台